TAXI FROM ANOTHER PLANET

Conversations with Drivers
about Life in the Universe

坐着出租车
漫游宇宙

[英] 查尔斯·科克尔（Charles S. Cockell） 著

王乔琦 译

中信出版集团 | 北京

图书在版编目（CIP）数据

坐着出租车漫游宇宙 /（英）查尔斯·科克尔著；
王乔琦译 . —北京：中信出版社，2022.10
　书名原文：Taxi from Another Planet:
Conversations with Drivers about Life in the
Universe
　ISBN 978–7–5217–4717–1

　I.①坐…　II.①查…　②王…　III.①宇宙–普及读
物　IV.① P159–49

中国版本图书馆 CIP 数据核字（2022）第 164105 号

坐着出租车漫游宇宙
著者：　　[英]查尔斯·科克尔
译者：　　王乔琦
出版发行：中信出版集团股份有限公司
　　　　　（北京市朝阳区惠新东街甲 4 号富盛大厦 2 座　邮编　100029）
承印者：北京诚信伟业印刷有限公司

开本：880mm×1230mm　1/32　　印张：10.25　　字数：194 千字
版次：2022 年 10 月第 1 版　　印次：2022 年 10 月第 1 次印刷
京权图字：01–2021–2546　　　　书号：ISBN 978–7–5217–4717–1
　　　　　　　　　　　　　　　定价：59.00 元

献给已知宇宙中的所有出租车司机

　　"生命"这种东西既神秘、迷人又有趣。许多学者的整个职业生涯都在研究这个课题，而我则经常在各种各样的场合参与有关生命意义以及其他星球上是否存在生命的讨论。无论是在聚会还是在飞机上，"宇宙中是否还有其他人？""为什么地球能够孕育生命？"这类话题总能激起最为严肃同时也令人享受的对话。此外，我还发现，有一类人对这类谈话尤其感兴趣，他们就是出租车司机。

　　每天，出租车司机都要和形形色色的人打交道。他们总是会同来自各行各业、对生活各有看法的人攀谈——不仅因为职业习惯，有些乘客也的确能深深地吸引他们。乘客中有左翼人士、右翼人士，有宗教人士、无神论者，有保守主义者、自由主义者，还有素食主义者和肉食主义者，简直是无所不包。出租车司机以一种我们其他人少有的方式同人类文明的集体意识联系在一起，他们切身体会到了人类思想的脉搏。很少有人能像他们这样日复一日地频繁接触拥有如此丰富的人类经历和世界观的人群。

　　我比较宅，不爱出门，这并非一种自我贬低，估计大多数人都是如此。我是一名学者，同与我志同道合的人一起进行研究、创作论文，也会参加各类学术会议，与会者的所思所想所谈无不吸引着我。当然，我也会同学术圈之外的人士交流，那当然不会像与同行对话那样悠闲，但他们通常都会在闲谈快结束时询问我一些科学问题，因此我们总会谈论起我熟悉的话题。我估计商界人士的交流方式也大抵如此，即便是房地产经纪人，也不例外。他们可能不太会聊外星人，而是总在聚会上把话题扯到房地产咨询方面。这样其实挺不错的。我们谁都不敢奢望掌握所有知识。生命实在太短暂了，明智的做法是：掌握一点儿各自领域的知识，好好消化吸收，然后以此为窗口为人类文明做些贡献。

　　话虽如此，但听听别人对某些重大问题的看法能让我们自己也有所启发。例如，宇宙中是否还有其他人？我认为，这个问题能勾起很多人的兴趣，无论是房地产经纪人还是科学家，因为这个问题已经超越了科学的范畴。我们每个人都会在日常生活中扪心自问：我是否孤独？无论是物理意义上的孤独，还是在某种人生观意义上的孤独。孤独是一种人类的深度体验，我们会好奇人类这个物种在这个漫无边际、没有尽头的寒冷宇宙中是否孤独。

　　当我们问出"外星生命是否存在？"这个问题之后，也一定会引出相关问题。我为什么要关心外星人？如果真的有外星人且他们在我的家乡出现了，会发生什么？如果所谓的外星人只是一些小到人眼都看不到的细菌，我怎么看待它们，人类与它们又有什么分别？为什么我缴的部分税要用来研究上面提到的这些问题？抛开外星人不谈，我是否有机会亲自到太空中看一看？上面提到的所有这些问题，对我的生活意味着什么？

2016年的一天，天气闷热。我搭乘一辆出租车从伦敦国王十字车站前往唐宁街。我平常并不走这条路线。这次是因为我应邀参加英国首相为庆祝英国宇航员蒂姆·皮克凯旋而举办的一个派对。不久前，蒂姆刚刚在国际空间站完成了为期6个月的太空探索之旅。在去唐宁街的路上，好奇的司机先生问我："你说，其他星球上有没有出租车司机？"本书就诞生于司机提出问题的这一刻。

我经常同出租车司机闲聊，这位司机先生的问题就是一场闲聊的产物。这场闲聊从他询问我去哪儿、为什么去那儿开始，之后围绕生命在极端环境下如何生存的话题，最后以突袭外星生命以及地球生命的无限适应性是否意味着宇宙到处都是生物结束。我时常会经历这样的乘车之旅，那是我工作的一部分，但产生的结果却大相径庭。我与出租车司机的闲聊就像在郊外漫无目的地飞驰，然后驶入小道，走上泥泞路段，最终的走向和目的地完全出乎意料，但往往能带来惊喜。

我在主讲有关宇宙生命的讲座时，总是采取相似的形式。我会竭尽所能地借助看待这个问题的有趣视角引起听众的兴趣，并且尽可能地让他们感到轻松愉快。最后，如果听众觉得我讲的还算有趣，就会提出一些问题。同出租车司机的闲聊就不一样了，他们可不期盼长篇大论。当你上车落座，他们就开始问那些他们认为重要的问题，并且刨根问底。

这些交谈有一个共通点：它们总是很有趣。出租车司机没有学术知识、技术细节以及保守主义（肇始于不确定性）的束缚，对大多数人认为重要的问题观点清晰明了。有时，他们还会提出一些新的想法。我在2016年那天的乘车之旅就是一个很好的例子。你能想象这样的场景吗？一位学者站在200名大学生面前，一本正经地提问，"其他星球上是否有出租车司机？"你也许想象不到，但我现在的的确确就面对着这样一个问题。

本书中提到了很多问题，这位出租车司机提出的就是一个典型问题。看似简单的问题总是蕴含着更多、更有意思的问题，甚至有些问题我们无法回答。如果其他星球上确实存在出租车司机，必然要满足很多必要条件。首先，那颗行星必须孕育出生命。然后，还得出现智慧生命。接着，这些智慧生命还得发展出经济活动，并且发明出租车。可是，在一颗刚刚诞生的炽热星球上，寥寥几种化学物质要怎么才能变成出租车司机呢？这条演化之路上有多少关键步骤？这些步骤又有多大的可能恰到好处地依序完成？而且，即便出现了简单生命体，就一定会演化出智慧生命和复杂的社会体系吗？在那个可以胡思乱想的时刻，这位出租车司机打开了"潘多拉魔盒"，释放了无数有关宇宙其他地点出现生命的可能性以及人类社会本质的想法。站在其他星球的视角上审视，很多地球生命演化史上具备的条件——无论是生物学层面的，还是文化层面的——都会变得不那么容易满足。那天下午的晚些时候，我端着酒杯听英国首相特蕾莎·梅欢迎蒂姆·皮克顺利返回地球的讲话。不过，我并没有听进去这些话，我当时满脑子想的都是有关其他星球上的出租车司机的问题。

出租车司机还会提出哪些有关外星人、太空探索和生命现象的问题？那天之后，我开始把乘车之旅看作一个询问、谈论、思索宇宙生命问题的契机。

在本书中，我收集了一些同出租车司机就这个令人激动的议题交流时涌现的想法。不过，我要提醒你的是，本书大部分都是我的个人想法。毕竟，这些文字就是源于我同出租车司机的对话，它们很难不体现我的个人想法。但是，我也会尽可能地在行文中介绍科学界在这些问题上掌握了多少知识，以及对其中部分问题的观点。这些问题中，有些与外星人有关，比如他们是否存在？去哪儿可以找到他们？他们会是什么样子？然而，宇宙生命的奥秘深入各个方面。我希望你能通过本书知晓我们对外星人的好奇，同样也与生命起源方式这类科学问题、我们是否应该探索宇宙这类政治问题，以及人生的意义这类哲学问题息息相关。我希望，在我载着你领略这一路风景时，你能全程投入并有所收获。

或许，在某个遥远星系的某个角落，有一些外星科学家也通过写书讲述了他们从外星出租车司机那儿听来的宇宙洞见。那么，就我们现在所知的整个宇宙来说，总共有多少本这样的书呢？你眼前的这本是第一本，还是第50本？我可不知道。问问出租车司机吧。

伦敦出租车。在地球上，出租车司机是文明无处不在的象征。可是，出租车司机会是生物演化的普遍产物吗？

第1章

其他星球是否也有出租车司机？

从国王十字车站打车去威斯敏斯特，参加蒂姆·皮克的欢迎会，皮克刚从国际空间站凯旋。

这天的天气又热又闷，地铁站里拥挤不堪，而我需要准时抵达唐宁街10号。看着熙熙攘攘的行人，我选择离开地铁站，并随即乘上了一辆出租车。

司机先生戴着眼镜，大概40多岁，语气轻松地问我要去哪里。我告诉了他目的地，因为是英国首相的居所，也因此勾起了他的兴趣。司机先生好奇地问我在那儿担任什么职务。我回答说，有个叫蒂姆·皮克的宇航员刚从太空回来，首相要给他开个欢迎会，而我有幸收到了参会邀请。接着，我们便很自然地聊起了我的工作、我对太空探索的兴趣，以及我对地外生命可能存在的向往。可是，坐在出租车后排喋喋不休地谈论自己的生活既自私又无聊。我想知道，出租车司机对宇宙其他地方（比如火星）可能存在生命有什么想法。

"你觉得火星上会有生命吗？"我问道。

"火星生命啊，朋友，我的确很感兴趣。但是，宇宙其他地方有没有外星人呢？"他语焉不详地问道。或许，他在尝试把话题引向更宏大的方面，比如智慧外星人。

"你觉得宇宙其他地方也会有智慧生命吗？"我问道。

"我觉得有，"他说，"恒星和星系那么多，肯定有些有生命，而且不可能只是细菌那样的生命，一定有像我们这样的生物。"

司机先生似乎对这个话题真的很感兴趣。他一句话里就提到了细菌和星系，表明他之前就思考过这个问题。

"你觉得他们会长什么样？和我们差不多？"我继续问道。

"嗯，我觉得是这样的。其实我想问的是……"他沉默了一小会儿，接着又充满活力且目的明确地问道，"宇宙其他地方有没有出租车司机？"他顿了一下，继续问道："其他星球上，有没有像我这样的出租车司机载着外星旅客到处逛，然后像我们一样对话？"他又顿了一下，接着问道："没错儿，我应该这样问你。有没有外星出租车司机？宇宙其他地方有没有像我这样的人？"

　　我从事科学工作大概30年了（至少从职业角度确实如此），我也参加过数不清的，似乎没有尽头的碰头会、讨论会、访问会以及研讨会。其间，我听到越来越多的科学家同行提出对外星生命的看法，不过，在从国王十字车站去往唐宁街10号的这次简短的打车旅途中被问到的这个问题，却是最合乎逻辑的一个问题：其他星球上有没有出租车司机？我可不能让这位司机先生失望。他问了一个非常好的问题。所以，我下面将为你详细回答这个问题。

　　出租车司机其实是一个了不起的工作。你下一次打车时，可以好好想想这个职业到底是怎么来的。它的出现是宇宙中的物质不断搅动、旋转、经过几个步骤之后的结果。理解了这几个步骤，你就能理解为什么出租车司机的出现意义重大，你也就能理解这个职业是否在宇宙其他地方存在。

　　首先，这个问题关乎宇宙是怎么诞生的，以及为什么我们所在的这个宇宙适合出租车司机这个职业。有没有可能在其他宇宙（平行宇宙）里，物理学定律不允许出租车司机的出现呢？比如，某些基本常数的细微差异导致出租车根本不可能出现。这是宇宙学家应该思考的问题，我就不讨论了，我只从我们这个物理学定律允许出租车司机存在的已知宇宙谈起。（我对这个问题避而不谈，这本身就很特别，充分反映了我们其实连自身起源的根本原因都不清楚，更不要说出租车司机了。）

　　宇宙形成之初，它最早产生的那些元素——氢、氦，当然还有很多辐射——是不足以形成出租车司机这一职业的。这个问题实际上全宇宙都是一样的，彼时的宇宙环境不允许出租车司机存在，我们可以称之为"前出租车司机"时期。实际上，出租车司机同所有地球生命体一样，他的形成最少也需要6种元素：碳、氢、氮、氧、磷和硫。有时候，我们也把它们称为"CHNOPS"元素。[①]除了氢以外，其他5种元素都是在大质量的恒星核心形成的。这类天体内部的温度和化学反应都非常极端，所以能打造出比宇宙的初始原料重得多的元素。这些恒星爆炸的时候，就把未来构成出租车司机的组分布满了整个宇宙。此外，这类剧烈爆炸事件本身也会产生更重的元素，比如铜和锌，还有其他许多我们能在元素周期表上找到、构成了出租车司机生化系统的元素。

好了，我们现在有了这么多元素，下面它们需要聚集成能够复制的分子——这是生命的第一缕曙光。否则，这些元素永远只能以原子集合的形式混杂在一起，在整个宇宙空间游荡。那么，这些原子集合是怎么结合到一起，形成第一个可以复制的分子的？要知道正是分了复制产生了自身的无穷多个副本，同时又在每个副本中留下了一些微小的变化，才可以使副本进步、进化。虽然人类研究这个问题已经几十年了，但仍然没有答案。我们仍旧不知道发生在35亿年前的第一次自我复制的化学反应究竟是怎么开始的。无论如何，这次反应意义重大，因为出租车司机和我

------

① CHNOPS分别是上述6种元素的化学符号。——译者注

们如今看到的一切生物都是它的产物。

对于这种从纯化学到生物学的转变，我们也并非毫无头绪。我们知道，首先需要一个能够提供能量和适合化学条件的环境，这样后续才有可能出现有利于形成细胞的化学反应。这种适合孕育生命的地点在地球上并不少。从喷发高热液体的海底喷口，到由小行星和彗星撞击而成的古老陨石坑内，许多地点都符合条件，能够发生孕育生命的化学反应。真正存在争议的问题是：生命的配方到底是什么？无论答案如何，有一点都可以肯定：生命的配方可以在地球内部以及游荡的太阳系气体中合成。在那些模拟原初行星、原初陨石（宇宙诞生之初坠落到地球上的石块）的实验室中，我们已经发现它们具备生产建设生命大厦所用砖石的能力。

然而，在这锅由能量和化学物质混合而成的宇宙原始汤中，最早出现的物质是什么？答案尚不明确。我们不知道那些简单的化学物质是怎么聚集发生细胞代谢反应和链式复制的。这个过程可能只是巧合，但也可能是不可阻挡的历史进程。这也是我们讨论外星出租车司机时遇到的第一个瓶颈。如果温暖潮湿的星球上发生的无数化学反应能催生具有自我复制能力的演化生物反应，进而产生生命，那么我们就离外星出租车司机这个目标很近了。然而，如果这种跃迁只是无数案例中的孤例，是一种不太可能在宇宙中不断重复的极小概率事件，那么外星出租车司机肯定很稀有。

一旦地球上出现了这类具有自我复制能力的原初生命分子，它们就会变得越来越复杂。这段漫长旅程初期的一大成就就是发展出膜的结构，将自身封闭在内，也就是真正的细胞结构。在这些细胞壁构建出来的小小世界里，基因复制探索着全新的新陈代谢方式和化学反应通路，并最终使自身适应地球上的所有环境。借助这些新反应通路，它们可以以硫和铁为食。而糖外层结构则帮助它们在地球形成之初的干旱陆地环境中生存下来。在随后的10亿年里，这些细胞、微生物遍布全球。它们在极地冰山的缝隙里，在炽热火山池的岩浆里顽强地存活下来，探索了无数种进化的组合和可能。从本质上说，这些刚诞生不久的化学物质摆脱了必须依靠海洋完成稀释、分离、运动的限制。这些细胞征服了整个世界。

从那时起一直到今时今日，地球上的陆地和海洋到处都充满了微生物。按照今天的学术观点，当时这些生物的数量不是10亿，也不是万亿，而是1后面有30个零。这个数字都没有一个正式的称呼，因为实在是太大了。不过，虽然微生物数量极多，但它们并不复杂。它们利用氢、氨、铁、硫等也只能形成不太复杂的生命。这些单细胞生物要想升级为更为复杂的形式（最终演变成出租车司机），还需要一场能源革命。

早在微生物度过自己在地球上的10亿岁生日之前，这场革命就已经在地下酝酿了。一些微型细胞偶然发现了一种全新的生物化学机制，它们把水分解，在有阳光存在的环境中——阳光是除水之外另一项取之不尽的能源——进行光合作用。对它们来说，这种收集能量的新模式开辟了一个庞大的帝国，因为借助这种模式，任何有水和阳光的地方都能成为它们的理想家园。光合作用把生命从矿物这类局限性非常大的能量获取地点解放出来，为它们向整片海洋、整块陆地扩散提供了必要条件。

光合作用可以把太阳能转化成维持蓝细菌（以及后来出现的所有藻类、植物和其他能够开展光合作用的生命体）生命活动所需的能量。这个过程涉及一种全新的化学机制，即将水分解成氢和氧。氢是为细胞提供能量的必需品，而氧则是这个过程中产生的废料。蓝细菌会把氧排放到地球大气中。在很长的一段时间里，氧这种气体不会造成实际影响。它在和铁、硫化氢以及其他地球原始大气中的气体发生反应后就消失了。然而，随着时间的推移，这种耗氧反应会走到尽头，然后氧就开始在地球大气中积聚起来，这完全是地球上所有以光合作用为生的生命持续努力的结果，也堪称地球有史以来影响最为深远的环境污染事件。现在人们认为，这些微生物（蓝细菌）就是这一事件的"罪魁祸首"，但我们很难对这个无心之举感到失望，因为这些可怜的小东西几乎完全没有意识到自己干了什么。

对于此前一直无忧无虑地生活在无氧世界中的微生物来说，氧这种新型污染物的堆积很可能会给它们带来灾难。虽然我们现在总是把氧这种气体同生命联系在一起，但氧其实是一种化学性质非常活泼的物质，它们会产生各种各样的活性氧原子和氧分子，破坏蛋白质和DNA（脱氧核糖核酸）等关键生命分子，从而攻击那些对此毫无防备的原初生命。为了应对这种冲击，暴露在氧中的生命就必须演化出相应的防御机制以保护自身。不过，每一朵氧气云又都会带来一线希望。氧在和有机物（简单来说就是富含碳的分子）结合后，能够释放出大量能量。自此，地球生命进入了有氧呼吸阶段。这种能量收集方式正是你、我以及出租车司机正在使用的，也是富含碳元素的树木在氧气中熊熊燃烧，进而引发难以控制的森林大火的内在机制。

有了氧气，生命就可以汲取更多的能量。而能量的大幅增加使得细胞之间的整合、合作成为可能，为动物的出现铺平了道路。大约5.4亿年前，地球大气的含氧量约达到了惊人的10%，动物也因此出现。这些生物体型越来越大，并且出现了猎食者，而它们的猎物也在进化的压力下被迫长大。这种全新的能量来源使得大自然可以开展更大规模的生命实验。

从单细胞到动物的跃迁是出租车司机出现的关键一步。不过，和生命本身的起源一样，我们同样不确定这种跃迁是否必然会出现。是否无论哪颗星球孕育出了生命，它们都会发现光合作用这种能量收集模式，并且持续不断地向大气中释放氧气？另外，即便行星中的含氧量真的达到了相当高的水平，生命是否也一定会利用它们聚合成能跑、能跳、能飞的更复杂的生物？是否可能存在这样的世界：整个星球表面都只有微生物这类简单生命，永远都不会产生除单细胞之外的生命？在地球生命的漫长进化之旅中，从单细胞到多细胞的跃迁也是横亘在微生物与出租车司机之间的又一大瓶颈。

在我们这颗蓝色星球上，这种跃迁确实发生了，并且在随后的5.4亿年中，多细胞生物繁荣滋长，种类也越来越多，并逐步延展至我们今天所知的生物圈。饶是如此，你也不必太过兴奋，因为即便是现在，地球所有生命中仍约有1/2是微生物。我们仍旧生活在一个微生物世界中：植物和动物只是姗姗来迟的后到者，仍旧需要微生物转化各种微量元素以维持它们的养分摄取。

在我讲完地球生命诞生史后，司机先生惊讶地感叹说，原来生命的出现需要那么漫长的时间和那么多的关键步骤。他挠了挠头，摇下了车窗，让新鲜空气吹进来。一股暖流朝我的脸上袭来。"竟然发生了那么多事，才能有今天！"简直是一部人们忘却已久的家族史。但这还没有结束，我要继续向他想要知道的答案推进。

后来，动物也开始了自己的进化之路，但方向仍不明确。恐龙统治陆地、海洋、天空的时间达1.65亿年之久。然而，从太空袭来的某个物体只需一瞬间就能终结恐龙的进化生涯。当然，对于在这个星球上生活过的所有动物来说，99%的命运都和恐龙相同，那就是灭绝。在超过5亿年的时间里，动物和植物坚定不移地遵循着进化实验的道路和物理学定律，在自身毫无意识的情况下不断演化出各种形态。

但是，大约10万年前，有一种动物发展出了使用工具和探索的能力。此外，他们还以一种前所未见的方式不断学习。这种动物的脑容量也成长到了足以发展出自我意识的程度。从地质学角度看只需要一眨眼的工夫，这种动物就留下了诸多能够体现意识的作品：绘画、各种形状的箭镞、陶制品，甚至空间站。是生物学上的哪些转变为这种智力的出现铺平了道路？我们曾经认为使用工具的能力和自我意识是人类区别于其他所有动物的地方。但现在，我们知晓了，许多动物（如乌鸦、鱼类）同样具有基本的工具制作、使用能力，也同样具有不同程度的认知水平。人类大脑与其他动物没有根本性的区别。这种最终催生了智力的器官可能只是大自然碰巧在掷骰子。那么，智力究竟是不是生命演化的必然产物？对于这个决定了宇宙中的智慧文明究竟是稀有还是寻常的问题，我们同样必须谦卑地承认还没有理想的答案。

我们的猿类祖先在运用大脑思考后意识到了合作的重要性。此外，一旦他们意识到了农业、畜牧业和工业的协同发展能够带来巨大利益后，社会就会随之出现——最初可能只是简单的农业社区，后来逐渐发展成了足以容纳数百万"猿类"的超大城市。

这些社区出现后，成员对更好的交通资源和食物供应就会产生需求。很快，人类凭借智慧发明了轮子。历史上的第一个轮子大概在公元前3500年出现于美索不达米亚地区，最初主要用于制造陶器，但是，不到300年后，轮子就成了战车的基础部件。最古老的木轮发现于斯洛文尼亚的卢布尔雅那，其历史可以追溯到约公元前3200年。这个时候，古埃及人已经在做发明辐条式车轮的实验了。

　　随着战车和货车的出现和推广，一定会有一些有事业心的人想到利用这种交通工具额外赚点儿钱：看着马车后座和侧座上的闲置空间，一定会有人想到载别人去他们想去的地方，以换取一些报酬。一旦萌生了这种简单的想法，出租车司机就出现了。鉴于到公元前3000年时，轮子已经广泛投入使用，我认为出租车司机很有可能在人类发明轮子后不久就出现了，即大约公元前3100年。

　　在这个具有重要历史意义的时刻——当然，由于没有发现相关记载，这一时刻已经湮没在了茫茫历史长河中——第一次有人对另一个人说："好吧，兄弟，我可以载你去耶利哥，但你得给我一头山羊，外加一些小费（或者其他东西）。就这样，出租车司机在地球上诞生了。在无尽的宇宙空间中，飘浮着一个平平无奇的星系；在这个星系的一条旋臂上，飘浮着一颗平平无奇的恒星；在围绕着这颗恒星运动的一颗行星上，出租车司机就这样诞生了！我们会很自然地提出疑问，是否只要某种生物构建了社会体系，这种职业就会不可避免地产生？人类逐利的本能是原始进化过程的必然结果吗？是否可能存在以无私合作以及无偿交换为基础的外星文明，他们的社会成员从未想过靠着送伙伴去想去的地方获利？我认为，即便假想中的乌托邦真的存在，我们也可以有力地辩称，即便这些生物不索取利润，他们也可能要求"乘客"支付维护车辆的成本费用。因此，一旦生物聚在一起形成了社区，运输业、交通工具以及出租车司机就必然会出现。

现在，我们再仔细想想这一里程碑式的成就是怎么出现的。大约35亿年前，在地球表面充斥着的各类化学物质中，有一部分转变成了具有自我复制能力的分子。这些分子随后又发展出了细胞结构，将自身封闭在内，并开始吸收全新形式的能量，最终进化成了多细胞生物。这类生命形式最终进化出了大脑、发展出了意识、发明了轮子，并且有部分当上了出租车司机。如果把整部地球史压缩成一个小时，那么上面这个史诗之旅的最后一步出现于最后0.05秒。

在这个漫长的过程中，我们始终不确定其中的关键节点是否必然会在生命发展史中出现，比如具有自我复制能力的分子、细胞、光合作用、动物以及智力。其中只要有一个关键节点不是必然出现，或者说出现的概率不高，那么我们的星球就不可能成为宇宙中拥有出租车司机的地方。

我搭乘的这辆出租车驶入了怀特霍尔大街，停在了唐宁街10号的安全大门外。我的这次打车之旅以及地球生命史的讲述之旅随之接近尾声。此刻，我的这位司机先生笔直地坐着，神态颇为得意。大概是因为从祖辈开始追溯族谱直至遍布原初地球的"生命黏液"，让他意识到了自己有多么特殊且不同寻常吧？他咧嘴笑了一下，我则支付了车费、道了谢，然后我俩就分道扬镳了。

无论生命是否必然会出现，有一点都是肯定的：我们生活的这个小小世界为了完成从简单原子到出租车司机的伟大旅程，经历了漫长的时间，付出了无数微生物和动物的代价。这一路上的所有节点都包含在这个问题中：在宇宙的其他地方是否有出租车司机？

你下次打车的时候，可以想想身为一个有意识的生物，一个能够认识到出租车司机的诞生完全是时间和演化作用结果的有意识实体，是多么幸运的事。你可以想想下面这两种可能：其一，我们生活的这个星球是已知宇宙中唯一拥有出租车司机的世界；其二，在银河系和其他星系里，到处散布着出租车司机，他们可能长着触角，但都很健谈，都会载着他们的乘客在外星城市中穿梭。这两种可能虽然看似大为不同，但都无比神奇。

在历史上很长一段时间里，人们认为智力的出现是理所当然的。本图是《纽约太阳报》在 1835 年刊登的一张图片。它编造了一个抓人眼球的谎言，声称最新的望远镜观测表明，月球上栖息着许多动物，其中还有很多长着翅膀的人形动物。

第 2 章

同外星人接触会不会改变现在的一切？

从杜勒斯机场打车前往美国国家航空航
天局戈达德太空飞行中心。

那是华盛顿特区一个清冷的夜晚，我的飞机有些晚点了。漫长的旅途、入境检查、等候行李、海关排队，让我无比疲惫。我期望找到一个暖和且清静的地方，于是钻到了出租车后座。刚一进去，司机先生就热切地打听我为什么来这里。他大概50多岁，穿着一件边角有些磨损的衬衫，体形魁梧，座椅显得有些拥挤。司机的脸上永远挂着微笑，这让车里充满了欢快的气氛。

"我来这里是为了和同行们讨论探索其他行星的仪器，"我告诉司机先生，"去美国国家航空航天局戈达德太空飞行中心。"有时候，我这么回答，只会得到点头回应，然后一切如常进行。还有些时候，我会"中奖"，也就是遇上外星人爱好者。这个晚上，我就"中了头奖"，但我本来没有心情聊这个话题。

"所以，宇宙中到底还有没有别人？"司机先生问道，语气显然不像是在开玩笑。当天体生物学家是一件颇有意思的事，人们期望你知道这个问题的答案，期望你知道他们不知道的事。如果你告诉他们，你的猜测和他们没什么两样，他们可能会感到困惑，甚至有些不知所措。于是，我反问司机先生他的看法。

"哦，我觉得这事儿挺吓人的，你说是吧？和外星人接触搞不好会得病，就像电影里的场景一样。我们怎么知道结果究竟如何？或许，与外星人接触是一场彻头彻尾的灾难。"他很担心地说出自己的看法，似乎为此感到苦恼。他说话带着美国南方口音（可能来自路易斯安那），声音抑扬顿挫，听上去更凸显了他对外星人的恐惧。

"那么，如果外星人不会带来疾病，你觉得人们会关心这个问题吗？"我问道。

"我不知道，不过如果他们和我们差不多，那或许会产生点儿积极作用。"他说。

"你觉得，我们应不应该尝试去联系他们？又或者尽力避免和他们接触，以免事情朝着最可怕的方向发展？"我反问说。

"好吧，他们说不定愿意慷慨地把掌握的技术教给我们，使我们从中获益。这就是问题所在，我们永远不知道事情究竟会向好的方面，还是坏的方面发展。"

我想知道他怎么看待外星人对人类社会的影响，便问道："如果我们真的收到了外星人发出的信号，那你觉得地球会大乱吗？"

"如果他们真的来到地球，我觉得肯定会带来很多问题，"他说，"但是，如果他们只是像你说的那样发送了一个信号，或许那些小报就有事做了，但我能做什么呢？"他的语句简短但直击要害。对于那些可能现身地球却没有什么好处可提供的外星人，他似乎真的没什么兴趣。

我认为，他的回答很有代表性。外星人真的会改变我们吗？如果你不需要直接处理与外星人相关的事务，为什么他们会改变你的生活？我点头表示同意。这位司机先生对外星智慧文明突然出现在我们家门口的想法漠不关心，这个反应也没有什么不合理的地方。

在此，我恳请各位读者想想这个问题。如果我们找到了外星智慧文明存在的铁证，那么人类会出现怎样的变化？会不会全社会都陷入疯狂的胡言乱语，原本只用来思考行星事务的大脑突然要在日常烦恼之外直面更宏大的现实？我们会不会因为担心同外星人接触可能造成不良后果而恐惧不已？会不会因为在接触外星人时犯错而葬送了人类文明？往好的方面想，同外星人接触会不会缔造一种全新的和平模式，让所有人类团结在一起，永远远离战争？

对于这些问题，我们其实已经有了答案，并非猜测、推想出来的答案，而是准确的答案。这会让你感到惊喜吗？

1900年，法国科学院颁布了一个新的奖项：皮埃尔·古兹曼奖。这个奖项以资助人安妮·埃米莉·克拉拉·戈盖儿子的名字命名，共有两个子奖项，一个是医学奖，另一个奖项则颁给第一个同外星文明交流的人，奖金均为10万法郎。不过，后面这个子奖项设了一个条件：同火星文明交流的除外。在19世纪与20世纪之交，大家都相信火星上栖息着火星人，同他们交流太容易了。

那么，古兹曼奖组织者对地外生命存在的信心又是从哪里来的？肯定不是凭空突然出现的。古希腊人就思考过我们在宇宙中的位置。德谟克利特（第一个提出了物质的基本原子理论）的一位学生——希俄斯的迈特罗多鲁斯曾在公元前4世纪声称："如果宽阔的平原上只长一颗玉米粒，无尽的宇宙中只有一个有生命气息的世界，未免太奇怪了。"当然，农夫们总是会播下很多种子。不过，抛开这些技术上的小问题不谈，迈特罗多鲁斯想表达的观点其实是：在那些适宜的地方，通常都会有大量生命苗壮成长，而不仅仅只有一棵独苗。迈特罗多鲁斯由此推断，地球的存在意味着宇宙中应当存在无数个与地球类似的世界。

把这套逻辑——地球上的生命意味着宇宙其他地方必然也

存在生命——套用在外星人身上,似乎是明智的。然而,只要生命起源的过程中有一步出现问题,迈特罗多鲁斯的推理过程就不成立。地球或许就是具备了一些特殊条件,才能孕育生命。饶是如此,迈特罗多鲁斯还是抓住了一条简洁有力的优美逻辑思维线。当我们把这条线应用在生物学上时,就有了这样一个问题:地球上存在生命是否意味着宇宙其他各处也同样存在生命?此外,迈特罗多鲁斯还是最早一批畅想外星生命的人之一。正是从他们开始,人们开始想象外星生命的存在,并为此着迷,直到今日。

法国科学院为古兹曼奖设定的限制表明,迈特罗多鲁斯对地外生命的乐观看法流传了下来。19世纪与20世纪之交,人们普遍相信火星上存在文明,因为这颗行星离地球很近,也同样是由岩石构成。这类观点如今看来很荒唐,不仅因为我们现在知道火星上并没有文明,更是因为我们很难想象先辈们为什么如此肯定外星人必然存在。如今的我们,光是发现火星曾经拥有适宜孕育生命的环境条件就很激动了。但在古兹曼奖的组织者看来,火星上有生命是再寻常不过的事了。

古兹曼奖将火星排除在获奖范围之外,这个事实其实暗含了那位出租车司机先生所提的问题(外星人的存在是否会剧烈改变人类社会)的答案。我们应当铭记,在人类历史的某个阶段,我们不仅认为外星智慧文明存在,而且认为这是理所当然的。与此同时,我们还知道,在这个历史阶段中,战火四处蔓延,完全没有停止。我们知道，当时的确有很多由"外星人"话题引发的社会议题，但范围仅仅限于图书、少数知识分子和晚餐聚会。对于其他人来说，生活一如往日。既然火星人和生活琐事、房价毫无关系，那为什么要去关心他们呢？对某些读者来说，过去的这种想法令人沮丧。不过，这也反映出，即便接触外星人这样的重大事件会带来负面影响，我们的文明也有能力抚平创伤。这点无疑令人欣慰。

饶是如此，我们依旧应该警惕以下几个方面。首先，20世纪那些坚信外星人存在的先辈并没有真正和外星人接触过。从某些角度来看，外星人的沉默反而给了他们一种不受地外文明干扰的安全感，也没有人会因为外星人而感受到危险。但是，真的收到来自遥远文明的信号就是另一码事了，由此引发的公众反应完全有可能大相径庭。如果这条消息可能是很久之前从特别遥远的地方发出来的，那问题可能不大。可是，如果这条消息就来自我们太阳系内部，或者来自游荡在太阳系边缘的某些天体，那会出现什么样的情况？恐怕会把所有人都吓出一身鸡皮疙瘩吧？不过，即便皮埃尔·古兹曼奖组织者的乐观无法让我们充分掌握今时今日的人类在知晓外星人确定存在时会做何反应，他们也至少为我们提供了一种可能的答案。

法国科学院的这个故事还告诉我们，关于外星世界同样可能拥有生命的思潮绝不仅限于我们如今所处的这个科学时代。这种可能性不仅触动了古代雅典的哲学家们，文艺复兴以及后来的启蒙运动中产生的大量天马行空的想法也肇始于此。其中最令人震惊的来自意大利多明我会修士、数学家、哲人乔尔丹诺·布鲁诺。布鲁诺1548年生于那不勒斯，一生游历了整个欧洲，醉心于学习和写作。1584年，他创作了一本放在现代书店里也毫不违和的巨著《论无限宇宙和世界》（ *On the Infinite Universe and Worlds* ）。这部作品提出了一个令人侧目的命题：

> "宇宙中有数不清的星座、恒星和行星。我们只能看到恒星，是因为它们能发光；我们看不到太阳系之外的行星，则是因为它们体积小且不会发光。此外，宇宙中还有数不清的'地球'绕着它们的'太阳'运动，这些星球和我们所在的这颗行星并没有什么本质上的不同。任何一个理智的人都会猜想，那些比地球大得多的遥远天体上生活着与我们人类相若（甚至更为高级）的生物。"

这个关于外星生命的推断令人印象深刻，尤其考虑到它的背景是在遥远的16世纪。更为重要的是，布鲁诺提到的系外行星真正被我们发现是400多年之后的事了。布鲁诺当时就清楚为什么围绕着遥远恒星运动的类地行星很难发现：它们太小，也太暗了。与布鲁诺同时代的人几乎想不到我们看不到的宇宙空间里隐藏着与地球差不多的行星，也鲜有人能想到星星的明暗与距离有关。

遗憾的是，布鲁诺没能继续深入挖掘自己的观点。1600 年，因为屡次忤逆上级以及支持不符合天主教会教规的观点，布鲁诺被烧死。在对他的指控中，有一项罪名是宣称所谓的"多元世界说"，即认为宇宙中还有其他类似地球的行星为各种生物提供栖息之所。显然，多元世界说威胁到了人类在上帝创世论中的地位：想想看，曾经有一段时期，你可能会因为讨论地外行星而被烧成灰烬，这实在让人震惊。

随着望远镜在 17 世纪问世，已经亡故的布鲁诺收获了大批拥趸。我们可以合理地猜测，情况将发生翻天覆地的变化：靠幻想支撑的世界即将终结，取而代之的是一个以实证和坚实观测证据为依托的时代。然而，实际情况并非如此。望远镜告诉我们，那些在我们附近移动诡异的斑点的确是行星，但这些设备的分辨率以及相关功能不足以让我们看到行星的细节。于是，我们有了新的行星可以畅想，但仍旧没法进一步认识它们表面限制生命诞生、成长的极端环境条件。猜测和幻想依旧充斥着人们的脑海。相反，望远镜观测到的肉眼无法看到的星球更使人们开始设想潜在的外星人栖息地，进而巩固了外星人普遍存在的假设。于是，在当时的人们看来，太阳系里似乎到处都是文明社会。

现代人有时很难理解望远镜时代种种有关外星人的猜测，尤其是那个时代最有号召力、最智慧的人提出的许多狂野的想法。例如，发现了土星卫星泰坦、发明了摆钟的克里斯蒂安·惠

更斯当时就开始大量撰写有关地外生命和其他行星宜居性的
文章。1698 年,惠更斯逝世后出版的《被发现的天上的世界》
(Cosmotheoros)一书全面且详细地介绍了他对外星世界的看法。
他猜测金星上也有天文学家,还认为宇宙中的其他智慧生物也同
样掌握了几何学知识。至于音乐领域,惠更斯则认为:"虽然这
是一个极为大胆的假设,但或许事实的确如此:就我们目前所知
的情况来说,其他行星上的居民对音乐理论的认识可能比我们还
要深入。"

　　在今天的读者看来,一位科学家提出这类观点是高深莫测
的。但我们应该知道,17—18 世纪的思想家大都博学多才,不像
当代学者那样专精于特定领域。惠更斯也不例外,而且他的父亲
就是一名音乐家,他本人也精通乐理。

　　与此同时,彼时的政治哲学家开始怀疑气候会不会是塑造民
族性格的主要因素之一。在这样的背景下,当时的人们凝望夜空
时,看到金星这种离太阳更近因而温度也更高的行星,难免会揣
测那个世界上的文明究竟是什么样子。或许,正是因为金星比地
球更热,金星的居民思维也会更加活跃,对音乐的理解也更为深
刻。毕竟,正如孟德斯鸠所言:"我在英国和意大利都看过戏剧。
同样的剧目、同样的演员、同样的配乐,但在两国观众中的反响
却大相径庭,一个沉静如水,一个热情似火。"孟德斯鸠是《论
法的精神》(Spirit of the Laws)一书的作者,他启迪了美国的开
国领袖,甚至还提供了一个怪异的实验证据:他冻住了一只羊

的舌头，发现舌头乳头状细粒上的细小绒毛会收缩——他本来认为，这些绒毛只与味觉相关，不会受到温度的影响。孟德斯鸠由此认为，这就证明了温度对生物神经确实有影响，进而影响人们在观赏同一场戏剧时的反应。因此，金星居民也必然受金星环境的深刻影响。

在我的出租车司机审判员看来，惠更斯对音乐的预言的重要性在于，如果这是真的，那么太阳系在某段时间内就一定存在智慧生命，更不用说上万光年之外的系外行星了。因此，为什么我们还要假设外星人的存在？这显然不是问题了。我们现在要面对的问题是，他们究竟有多擅长创作音乐。

彼时，一些文学作品也反映出科学界对存在外星生命的看法。科学和科幻作品总是像跳华尔兹的两位舞者一样相辅相成，在外星生命这个议题上尤其如此。外星生命也同样成为一个全新的科普作品创作话题，并且在全欧洲的会客厅里引发了无数相关讨论和奇思妙想。毫无疑问，作家们通过作品向公众传达了外星生命必然存在这个观点。在当时众多畅想外星生命的作品中，流传最广的当属贝尔纳·勒·布耶·丰特奈尔在 1686 年出版的《关于宇宙多样性的对话》(*Conversations on the Plurality of Worlds*)。这本讲述月球人以及其他行星居民的小书通俗易懂，引人入胜。故事的背景是，讲述者（贝尔纳）和一位好奇的侯爵夫人在洒满月光的花园里展开了一场对话：这位侯爵夫人热切地想要了解有关太阳系的情况和宇宙的运作机制。即便是在今时今日，阅读这本书也让人倍感愉快。（我真诚地推荐你把这本书加入书单。）

很难用言语说清楚这部作品究竟哪里优秀，但就我个人而言，它的成功部分源于贝尔纳不偏不倚且颇具说服力的论述。虽然这本书中的很多评论都显示出作者知识的匮乏以及作者在触及天文学之外的问题时的谨慎，但它能给你留下这种印象：如果有人认为月球上不存在任何文明，那他一定是疯了。这种结合巧妙而令人兴奋。小说中的侯爵夫人是一位希望了解所有天文学知识、频繁发问且总能直击要害的聪慧姑娘。她令人愉悦的举止更是给故事增添了一种别样的精彩。如果你能丢掉脑海中的所有现代天文学知识，就不难发现这本书是怎么抓住欧洲人的眼球，并让许多人都坚信地外生命必然存在的。丰特奈尔无疑巩固了外星智慧生命就在我们家门口的观点。

随后的100年是充满了大发现的一个世纪，但这并没有削弱人们对地外生命的想象力。没过多久，那个时代的另一位杰出人物、天王星和红外辐射的发现者威廉·赫歇尔（William Herschel）登上了天文学的历史舞台。他凭借对天文学的深入思考成了当时绝对的学术权威。然而，即便是他这样的人物，也忍不住要畅想月球人："稍微深思一下，我就几乎可以肯定地下结论：我们看到的月球表面那些数不清的小圆坑绝对是月球人的杰作，或许那就是他们的城镇。"

赫歇尔观察到月球表面的完美的圆形地貌，但他和那个时代的所有人一样，并没有意识到这其实是小行星和彗星撞击月球表面形成的。这类撞击事件有一点很奇怪：除了撞击时倾斜角度极大的情况以外，以各种角度撞击月球表面的小行星或彗星形成的撞击坑几乎都呈完美的圆形。这就是为什么赫歇尔同其他所有理性的人一样，都确信这些撞击坑是月球人所为，毕竟，在他们的认知中，没有任何自然地质过程能产生那么多完美的圆形地貌。在他们眼中，这么多有规律的几何形状只能是智慧生命创造的产物。

我们不必让自己长时间陷入对这个科学问题的哲学思考中，但赫歇尔的观测结果和推测结论真真切切地告诉我们，过去的人们（愿意）相信外星人的存在。在那个时代，任何难以解释的完美地形、任何难以解释的现象、任何难以解释的问题，无论有多小，都不会立刻得到直接的科学解释，然后外星人就会出现，成为解释一切的原因。即使是我们中最睿智、聪慧的人，也很难不被这种想法（或者愿望）欺骗。

在科学家纷纷发表观点之后，大众科普作品也紧跟其后，继续宣传外星文明。卡米伊·弗拉马利翁（Camille Flammarion）的《宜居世界的多元性》（The Plurality of Habitable Worlds）就是其中之一。弗拉马利翁创作了一系列体量巨大的作品，这部书就是其中代表性的作品之一。书中细致入微地介绍了其他星球上的生命是怎样适应环境的，还提到我们可以根据他们的栖息地预测他们的样子。到了这个时期，即便是大众领域的科学推测，也开始越来越严谨。

　　报纸的宗旨应当是报道事实，可当时媒体觉察到公众对外星人的热情之后，不假思索地抛弃了这个立场，转而对外星人的话题趋之若鹜。《纽约太阳报》就捏造了一场惊天骗局，刊登了数张插图，声称威廉·赫歇尔的儿子约翰·赫歇尔发现月球上有许多长着翅膀的人和形似海狸的智慧生命，并且宣称相关结果很快就将发表在一份爱丁堡的杂志上。这场骗局整整持续了一个月（1835 年 8 月），报纸也因此收获了惊人的发行量，成为当时世界上阅读量最多的报纸。世界各地的其他报纸也竞相转载这篇"报道"，而可怜的约翰·赫歇尔本人则收到了无数来信抨击他的所谓"发现"。这的确是一个骗局，但它之所以能产生如此重大的影响，只是因为当时社会普遍接受"外星智慧生命存在"这个设定。

　　特别值得注意的是，即便人们对外星文明的热情如此之高，人类社会也丝毫没有改变原本的运行方式。没有人想到，如果月球人看到地球上的战争和普遍存在的贫困，他们或许会冷漠地直接忽略我们。没有人想到，对于一个志在与外星生命建立伙伴关系的文明来说，那些超越阶级和国家的人类共同体精神（比如团结友爱和携手进步）或许才是真正珍贵的品质。或许，人类的固执才是从根本上难以改变的。

　　即便是到了 20 世纪，人们对于外星人的热情也没有消退。1909 年，"火星运河"理论的提出者帕西瓦尔·罗威尔（Percival Lowell）还在作品《像生命栖息地的火星》（*Mars as the Abode* of Life）中称："每一种反对观点最终都让我们更加确信，火星上的这些河道就是人为产物。我们对它们的了解只会越来越深入，人们会越来越承认这颗行星的宜居性。"罗威尔确信自己看到了火星上的人工河道，并且认为那是奄奄一息的火星文明为了将两极冰盖中的水导入城市而建的，那是他们为了摆脱水资源枯竭问题而进行的垂死挣扎。和之前的每一个时代一样，罗威尔的观点引来了大众的追捧。1898年，H.G.威尔斯在《世界大战》（War of the Worlds）中讲述了一个火星人侵略地球的故事。书中，火星人携带武器进入地球，用死亡射线让维多利亚时代的英格兰陷入一片火海，但最后却败在地球微生物的手上。这就是科学与科幻小说共同演绎的"舞蹈"，它们互为依托、彼此促进、互相强化，直至最后将外星人的概念植入所有人的脑中。

这段漫长的历史告诉我们，即便外星人真的给我们发送了信号，我们也的确收到了信号并且重点关注了他们，恐怕也很难从根本上改变我们的观点。或许，人类的确是太过自我了，即便是月球人好奇的目光也无法让我们成长。

20世纪下半叶，航天时代到来，人类踏上了月球，还派遣各种机器使者前往各大行星一探究竟，这才击碎了此前的种种猜测（幻想），流行数个世纪的外星文明乐观主义终于作古。直到此时，我们才终于亲眼看到，原来金星上一片荒芜，根本没有什么擅长音乐的金星人；所谓的"火星运河"里也空空如也；在同样荒凉的月球上，撞击坑直接沐浴在太阳光下，根本没有月球人守卫在旁。外星文明的时代结束了。

　　然而，在月球人"死亡"之后，人们的情绪似乎有了一个有趣的反转。人们要接受这样一个事实，我们认为理所应当出现的外星人并没有出现。你以为人们会悲伤，其实并没有。但他们有些失望是必然的。如果有照片拍到月球人搭讪尼尔·阿姆斯特朗和巴兹·奥尔德林，那将多么震撼？他们会如何与月球移民官或者外星嗅探犬交流呢？即便是没有看到这样的照片，我们的文明也并没有集体陷入虚无主义的麻痹状态，没有因为发现人类在太阳系中无比孤独而陷入内省式的沉默。人类社会一如从前，就好像什么也没发生。

　　另外，虽然我们现在已经确认，至少到目前为止，地球是宇宙中唯一一个确定拥有智慧文明的星球，但我们并没有放弃宇宙其他地方可能存在生命的希望。各种新发现增加了人类搜寻外星生命的热情。火星上确实存在一些宜居条件，木星卫星和土星卫星被坚冰覆盖的表面下存在海洋，这从实证角度增加了我们发现外星生命的希望。在围绕其他恒星运行的岩石行星中，或许有一些拥有和地球差不多的环境条件，这更是进一步助长了我们重新燃起的乐观情绪。只不过，这种乐观和航天时代前的那种乐观大相径庭。我们再也回不到认为在家门口就能找到月球人的那些令人陶醉的日子了。如今牵扯着我们思绪的，是太阳系中的外星微生物以及遥远系外行星中的外星智慧生命。

　　下面让我们回到那个问题：同外星人的接触——甚至只是发现一只简单而低等的火星小虫——究竟会产生什么效果。各类研讨会会以比之前那些投机商更专业的方式探索同外星人接触的社会影响和政治影响。即便是联合国也对外星生命颇感兴趣。如果现在的人们觉得这一切都很新奇，那是因为他们已经忘了曾经有那么一段时间，而且是相当长的一段时间，人类确信宇宙中存在大量可以与我们交流的文明。

　　我们一度笃信存在的月球人并没有对我们的社会和思维方式产生重大影响。那个时候的确产生了许多以月球人为主题的图书及评论文章，但如今它们的娱乐价值远高于信息价值。回望这段历史，我们可能会闷闷不乐，反思人类为何没有准备好接触随时可能出现的外星人。除此之外，因为这种接触很可能不会对人类行为或人类社会的发展产生显著影响，所以反而可能成为某种宽慰的源头，联合国的那些政治科学家和社会科学家就不必绞尽脑汁地让人类提前做好与外星生命接触的准备了。

　　如果有朝一日，我们真的能够同外星智慧文明相互交流，他们或许会发现，这次邂逅的物种竟然曾经幻想过有生物在月球上筑起了壁垒。我们可能也无法给对方产生任何深刻影响。经过头几个月的媒体宣传和持续数年的文学热度之后，我们再听到有关他们的话题时可能就只是耸耸肩，提不起任何兴趣，然后一成不

变地继续以原来的方式过自己的生活。如果真有外星人造访地球
并且钻进我搭乘的出租车，他们或许会发现，比起从资讯网站上
获得的银河联邦消息，司机先生更关心他能不能如数支付车费。
我希望到那个时候，他们不会因此而失望。

1938 年，改编自 H.G. 威尔斯《世界大战》的同名广播剧引发了听众对外星人入侵的恐慌，上图是该剧主演奥森·威尔斯接受记者的采访。

第3章

火星人会入侵地球吗？

从莱斯特车站打车去莱斯特探索大道
（英国国家航空中心）。

我们驶出了火车站停车场。老实说，对于马上要参加的这个会，我还没有怎么深入思考。当然，我很乐意参会，并且愿意探讨这个主题。此刻，我正前往英国国家航空中心总部，去谈谈有关天体生物学教育的问题。不过，在过去的几天里，我实在是太忙了。打车正好能给我提供一个准备的时间，因此，我当然也没心情聊人们常聊的政治话题。但是，政治话题有时会主动来找你，比如，我刚把目的地告诉司机，他就开始聊起政治了。

"我没有冒犯你的意思，但是，兄弟，太空，那是给有钱人准备的，对吧？"他显然有些愤愤不平，"我从没想过会去那儿，估计咱们穷人都一样。所以，搞太空研究有什么用呢？"

我试图劝慰他。"有钱人有去太空的财力，这点是肯定的。但太空也不是有钱人的专利，"我说，"太空研究的很多东西对所有人——无论贫富——都很有用，比如卫星和移动电话，还有预测天气的机制。卫星每天都会给我们带来好处。运气好的话，我们甚至还有可能在太空里发现一些不可思议的未知事物。你不觉得在太空里寻找生命很令人激动吗？"

"只要那些外星生命不到这儿来，我真的不在乎能不能找到他们。"他说。

我有些困惑。停顿片刻后，我问道："我不太明白你的意思。为什么你不愿意外星生命到地球来？"司机先生看上去有点儿恼怒。他身材魁梧，但有点儿脱发，穿着一件蓝色外套，此刻正弓着身子，手牢牢地握住方向盘。

"我认为生命是由你自己创造的。"他回答说，"如果他们和我们差不多，那就有可能踏上地球并且发动战争。如果是这种情况，那我反对他们来地球。如果不是这样，那我祝他们好运。只要他们不来莱斯特就行了。莱斯特这地方不错，对吧？不管有没有外星生命，生活都是自己的。到最后，你总是要入土为安的。我一点儿也不关心宇宙其他地方是不是有生命。有钱人可以去火星，如果最后发现那里有微生物什么的，也很好。兄弟，我一辈子都在这儿生活，只要这里的生活还行，我就没问题。莱斯特的问题不是火星人，而是没有容纳其他事物的空间，当然肯定还有就业不足的问题。要是还有外星人来跟我们抢工作，那就更糟了。"

普通人可能会把有关外星生命的问题以及其他纯科学问题解释成贫富阶级之间的矛盾。面对这样的情况，科学家——拥有在大学这样的舒适环境中思索这类问题并开展相关实验的特权——有时会感到懊丧。这凸显了科学界关心的问题与公众日常生活之间的鸿沟。

有趣的是，在以前那些人们认为外星人的确可能造访地球的时代，同样的经济、政治焦虑却没怎么影响大众。古希腊哲学家亚里士多德坚定地认为，地球非常特别，宇宙其他地方绝不会存在与人类类似的生物。不过，正如我们在上一章中看到的那样，许多人的观点与亚里士多德正好相反。在很长一段时间内，即便是在社会普遍接纳宗教的大背景下，也有很多人认为，上帝从来没有闲着，一定会在宇宙别处"造人"。按照这些人的说法，大自然厌恶真空，全知全能的上帝会让智慧生物充斥整个宇宙，这样才能最好地利用空间。在随后的数个世纪里，宇宙中充满了生命似乎就变成了显而易见的事实。不过，有趣的是，似乎谁都没有怀疑过：这些外星人会不会造访地球，然后抢走我们的工作？我很好奇为什么会出现这样的情况，也许是因为人类缺少那种前往其他星球的强大技术。如果你自己都没有筹划这种壮举的基本能力，那很难想象其他物种能做到这点。你可能会在潜意识中假设，所有智慧物种都会固守早已习惯的生活轨迹，在凝望生机勃勃的宇宙后，不愿步出自己的行星家园。外星智慧生物造访地球的可能性与具体细节远远超出了我们的科学认知。因此，我们的先辈很有可能从来没有担忧过外星人移民地球的问题。

我们对外星生物的看法总是掺杂着一种对未知的恐惧，对"他者"的不安全感。19世纪我们终于能够想象行星际旅行了，那些幻想大灾难的人很快就劫持了这种一闪而过的想法。H.G.威尔斯笔下的火星机器发动了第一场外星人侵略地球的战争。此外，他对毁灭的冷酷想象直接触及了人们内心深处普遍存在的——或许是与生俱来的——对陌生人的恐惧。考虑到这些，这位在莱斯特工作了一辈子的司机先生竟然更担心外星人会抢占人类的工作，而不是忧虑他们会毁灭整个英国，这着实令我意外。

无论莱斯特人担心什么，都不会改变这样一个事实：到目前为止，我们还没看到过任何外星人，原因可能有很多。和生活在20世纪及之前的人们不同，我们至少已经知道，宇宙很可能拥有很多在某些方面与地球类似的星球。在过去30年里，这个前沿科学领域发展迅猛，研究人员已经发现了许多围绕着其他恒星运动的行星。事实证明，这些"系外行星"之间的差别极大。其中大部分与地球截然不同，并且似乎不太可能孕育生命。有一些星球的体积相当于我们太阳系气态巨星木星的10倍;有一些星球的运动轨道离所属恒星很近,只要几天便能公转一圈,毫无保护地受到恒星射线的炙烤;有一些与地球有些相似,但很可能地表覆盖着深不见底的海洋;还有一些系外行星则很可能与地球颇为相似。

如果这些与地球类似的系外行星上栖息着智慧生命,那为什么我们迄今为止也没有收到任何来自他们的消息呢?这就是无数人痴迷的外星人"沉默"之谜,也就是以物理学家恩利克·费米的名字命名的"费米悖论"。宇宙如此浩瀚,行星如此之多,其中有一部分行星的"年龄"比地球还大,可为什么我们看不到一点儿智慧外星人存在的证据?阐释费米悖论的著作已经汗牛充栋,无数科学家试图给外星人的奇怪行为提供解释。或许,他们在观察我们,但不想干涉我们的发展。或许,他们已经到达地球,只是我们没有认出他们。或许,他们不能跨越巨大的宇宙尺度,虽然他们的确存在,但距离我们实在是太远了。也有可能,生命的确十分罕见,至于那些拥有跨星系旅行能力的智慧生命更是凤毛麟角,因此,除了我们之外,银河系再也没有比我们技术能力更强的智慧文明了。

我们在莱斯特郊区穿行,而我就坐在那里,有那么一瞬间,我仿佛看见儿时想象中的场景:火星机器出现在房屋上方,《世界大战》中的反派主角们发出死亡光线,地球人一触即亡。莱斯特成了外星人入侵地球的中心,一队队愤怒的出租车司机堵在就业中心的入口，挫败了那些挥舞着触角的外星人的邪恶计划。好吧，这样的场景为什么不会出现呢？

"我觉得你无须担心外星人来莱斯特，"我安慰司机先生说，"事情是这样的。如果外星人已经在地球生活却故意保持神秘，那么他们似乎对莱斯特不是很感兴趣，而且他们有可能有意给自己的'兴趣'保密。如果外星人是真实存在的却无法前往地球，那么我们大概可以胸有成竹地断言，除非明年他们突然走了大运，通过某种方式抵达地球并成为这里的居民，否则他们短时间内不会给我们带来什么问题。"说到这里，我稍微停了一下，然后补充说："如果外星智慧文明的数量实在太少，那么我们大概更应该担心自己可能永远都见不到我们的宇宙同胞。我认为，莱斯特未来的命运更可能是压根儿没有外星人来访——因为人类在宇宙中真的很孤单——而不是被外星人入侵。"

当然，还有一个更平常的理由也能安抚这位司机先生的神经。即便外星人到达地球并且愿意亮出自己的身份，他们会对我们的工作感兴趣吗？似乎不太可能。如果他们能在恒星之间自由驰骋，那就不太可能需要从地球获取什么东西。即便他们抢走了我们的工作并且赚到了钱，又要拿这些钱干什么呢？或许用来买吃的。可是，他们大概率在出发来地球时就带上了充足的给养（无论这给养是什么）。即便他们真的饿了，构成地球生物圈的生化物质也不见得合他们的胃口。想想我们人类，在搬去异国他乡之后，总要花点儿时间适应当地的饮食。刚抵达一个完全陌生的世界，就立刻开始大吃特吃当地的生物群落，可不是什么好的饮食习惯。如果外星人的生化系统与我们的不同，那么我们的许多食物对他们来说都是没用的。除了食物之外，外星人或许还想借助一些地球技术修理飞船，或许还会想要一些地球资源给飞船供能。不过，我仍旧怀疑他们是否会为了这些需求在地球上排队找工作。他们完全可以开口索取，或者直接自己动手获取。

所以，我敢打赌，司机先生不用那么担心莱斯特的就业市场——除非我们之中已经存在外星人了，但很显然，现在并没有。所谓的外星人诱拐事件、UFO（不明飞行物）目击事件以及其他能和外星人来访联系在一起的事件，都存在严重问题，那就是，相关证据都不算可靠。奇闻怪谈和模糊的影像资料确实能催生不少畅销书和收视率火爆的电视节目，但它们并不能让我们相信这些论断。UFO搜寻活动已经持续了几十年，到现在为止，仍然没有一组相关数据能够通过专业科学期刊的同行评审。无论你对外星人已经造访过地球这件事有多么乐观，这些铁一般的事实总能说明一些问题。尽管如此，还是有一些人鼓吹，外星人早就造访过地球并且接触过我们了。对此，政府一清二楚，但刻意向公众隐瞒了事实。所以，我要用最高的敬意表达自己的观点。虽然政府确实能力很强，我们也很明白政府的确会在某些事情上对公众保密，但常年藏匿外星人和他们的飞船也是一项重大挑战。就算能藏得住，时间一长，这些外星生物和物件也会失去作用。

政府机构也有做不到的事。

说到这里，我们已经不再对外星人入侵那么恐惧了，那么我们有必要为了那些体型更小的外星生物而烦恼吗？司机先生对我鼓励他的这番话频频点头，于是我换了一个话题，想把他引导到对微生物的讨论上来。我认为，点头这种积极的肢体语言意味着他已经做好讨论微生物的准备了。

"我觉得，无须体型与人类相似的外星人带来实际威胁，我们也知道，体型更小的生命形式，或者说微生物，可以对人类社会造成严重破坏。"我说道。

"你说得没错儿，"他插嘴说，"那些以前就有的传染病和刚刚出现的疾病才是我们的大问题。"

"你觉得，我们是否应该担心外星微生物？"我问道，"我的意思是，相比那些拥有相当智能的外星人，外星微生物会不会给我们造成更大的危害？"

"绝对是这样，"他带着无比肯定的语气回答说，"我也不想外星微生物出现在这里，我们必须避免沾上它们。我对外星微生物的担忧不亚于外星人。"

由鼠疫杆菌（黑死病的幕后黑手）导致的中世纪惨剧以及近年来各种病毒（比如最近的新冠病毒）带来的困扰，无不提醒着我们，这些已经在地球上生活了超过35亿年的微小生物始终有可能给人类造成致命一击，我们的技术成就还不足以让我们完全卸下对这些微生物的防备。如果连这种与我们共同生活在地球上的最小生命形式——它们从很多角度来说都可以算作我们的演化近亲——都很难信赖，那么当造访地球的外星来客并非和出租车司机抢饭碗的智慧生物，而是外星微生物，等待人类的命运又会怎样呢？当 H. G. 威尔斯在他的经典小说《世界大战》中终结了火星人对地球的侵略时，他正是寻求了微生物的"帮助"：地球细菌打败了火星人，摧毁了他们高耸的战争机器。现实中，外星微生物对人类的影响会不会也走向这样的结局？

　　各位读者，如果你们觉得我已经彻底放飞想象，不受任何拘束地肆意猜测外星微生物可能带给人类的危害，我完全可以理解。然而，与可能去就业中心求职的外星人不同，国家航天机构的确已经开始严肃认真地思考外星微生物的问题。严谨的人们担心，如果这些小东西附着在太空中的某块石头上，然后这块石头又作为样本被人类探测器或宇航员收集，那么外星微生物就有可能通过这样的方式在不经意间来到地球，并且造成污染。"行星保护"这个颇具吸引力的标签形容的正是这个日渐活跃的研究领域。目前，美国国家航空航天局已经设立了行星保护办公室，欧洲航天局也成立了行星保护工作小组。

　　这些行星保护办公室的设立初衷——当然，现在也仍旧是工作目标之一——其实是为了预防我们污染其他星球。他们关心的倒不是外星人的福祉问题，而是出于科学的严谨性和项目的高效性。我们可不想在花费数十亿美元去火星寻找地外生命的时候，却找到我们从地球带过去的微生物。如果地球微生物搭上了宇宙飞船的便车，最后进入我们寻找外星生命的机器或者渗入其他星球地表后最终被我们的机器找到，那将浪费巨大的时间和资金。行星保护的目标就是把上述这些可能降到最低。目前，行星保护受国际空间研究委员会的监管。虽然这个委员会还没有制定相关法律，但已经形成了一系列各国空间机构都允诺遵循的协议。

避免将地球微生物带去其他星球不是一件容易的工作。20世纪70年代，美国国家航空航天局为了确保探测火星的"海盗号"登陆器没有携带可能干扰生命探测仪器的小虫子，按照烹饪火鸡的标准，在111摄氏度的高温下"烹"了航天器40个小时。如今，航天器上越来越多的精密电子元件更是增加了这项任务的难度，不过，聪慧的科学家们还是有很多清除虫子的办法。他们可以用冷离子技术或有毒的过氧化氢杀死微生物并清洁航天器表面，从而最大程度地降低航天器的"生物负载"，将可能对其他星球造成的所谓"前向污染"降到最低。

近年来，我们对"前向污染"十分担忧，并且已经出现了更多与道德有关的问题。科学家们不仅希望尽可能提高科学实验的严谨性，更希望尽可能避免人类影响其他星球的生态圈。虽然我们目前还没有发现太阳系其他星球存在生态圈，但在我们彻底排除这种可能之前，都应该谨慎行事，至少应当采取措施，主动避免我们地球上的生命形式在整个太阳系内传播。按照现在的普遍观点，要是有哪家航天机构在不经意间破坏了某个地外星球的生态环境，那一定被认为是一种令人尴尬的不妥行为。

不过，这位莱斯特出租车司机先生担心的——很像他对工作问题的担心——似乎是这个问题的另一面，即行星保护组织所谓的"后向污染"：外星生命意外来到地球。美国国家航空航天局在执行"阿波罗计划"的时候，就开始思索这个问题了。当时，美国国家航空航天局的科学家们意识到，宇航员带回地球的岩石样本可能包含微生物。这些年，前往遥远星球地表的任务已经移交给了各类机器，它们的任务目标很明确，就是收集外星样本将其带回地球。这类研究的关键目的就是，查明外星岩石的内部、表面、附近是否存在或曾经存在生命，因此，如果发现这些样本上存在微生物或相关证据，那将是令人无比激动的科研成果。目前，科学家们研究的正是如何从火星上带回样本，以研究这颗星球是否拥有过生命。在未来几十年里，我们还会派遣探测器去小行星和彗星收集更多样本并带回地球。此外，我们的仓库里还有很多此前的劳动成果，其中包括月球车和宇航员带回来的月球样本，以及各国航天机构从彗星和小行星碎片中收集的样本。

到目前为止，我们收集样本的这些地点都没有发现生命（至少没有我们熟悉的那种生命），所以相关研究人员和机构还不怎么担心地球被外星微生物污染。目前切实存在的紧张情绪都源于预防原则：即便这些外星样本携带外星生命的可能性微乎其微，我们也应该保持高度警惕，因为将外星微生物引入地球生态圈的后果有可能是灾难性的。因此，航天机构在处理这些地外样本时都会使用超洁净设备，并且会极为小心地将它们收纳到与外界完全隔离的容器内，确保没有任何来自样本的物质泄漏到外部世界。如果某位研究人员想要研究这个样本，那他就必须在专门设计的设施内实施计划。

对外星样本秉持高度谨慎的态度当然十分可取，但它们是否真的有那么危险？我们真的应该为此感到担心吗？答案很可能是否定的。我们应当牢牢记住这点：从人类诞生的那一刻起，我们就一直与那些可能致病的细菌和病毒生活在一起。在漫漫历史长河中，这些致病微生物始终与我们一起协同进化。它们为了攻克人体防线而不断改变，我们的免疫系统也相应地不断发展以抵御它们的威胁。你的身体是一部极为精致的机器，可以追踪并消灭你每天吸入或吞入的无数外来粒子。只有那些非常特殊的细菌和病毒才能绕开我们的免疫系统，进入人体这部机器内部并大肆捣乱。例如，普通感冒病毒无时无刻不在自我更新，它们每年都会变异，让我们咳嗽、感冒，这就是一场人类免疫系统与妄图入侵人体的病毒之间的无止境的战争。人类免疫系统坚若堡垒，它是数百万年进化的产物，并且牢不可破。毕竟，如果每种病毒和细菌都可以轻而易举地入侵你的身体并在你体内安营扎寨，那你肯定活不了太久。正是因为人体生化机制为了时刻抵御这些外部挑战者而筑起了坚固的防线，所以，即便真的有外星细菌或其他外星生物实体通过某种方式从遥远的行星来到地球，人体免疫系统也很可能足以保护人类。你的身体会准确识别出这些外来粒子，然后很可能会将其彻底消灭。在我们带回地球的外星样本中存在某种外星微生物并且还能引发大规模传染病的概率实在是非常低。莱斯特人可以安心地睡个好觉了。

另一种情况就不那么让人安心了。假设有一只饥肠辘辘的火星微生物生活在这颗行星的冻土层中。由于缺少食物，它只能在那种极端环境中勉强度日。现在，想象我们的航天器采集到了它所在的那块土壤样本。可是，事有不巧，这架航天器在返回地球的过程中偏离了预定航道并坠毁在极地地区。脱离航天器残骸后，这只微生物发现自己身在北极。这个地方虽然也很冷，但相对火星来说完全可以忍受，并且还有大量可以供它食用的有机物。总的来说，北极环境没有火星那么极端，适合火星微生物生存和成长。接着，它开始生殖、扩散，将地球原生微生物驱逐出这片土地，从而让自己成为地球生态系统的一部分。相比外星微生物导致地球暴发传染病，这种情况其实更有可能出现，因为在这种情形下，外星入侵者并不需要寄宿在生命体中，而生命体总是会排斥或消灭外来物质。相反，外星微生物需要的只是一个可以安身立命、繁衍后代的环境。

不过，即便是这种末日般的情形，也不至于让我们焦虑到夜不能寐。首先，我们能够遇到外星微生物的概率很低。为了论述问题，假设我们确实收集到了一个含有外星微生物的样本。即便是这样，航天器也要凑巧失控坠毁在适合这些外星微生物生存、繁衍的地点，而且它们还要活着脱离航天器残骸，这也是极不可能同时满足的条件。不过，根据我们的预防原则，即便所有这些事件都不太可能发生，更不太可能同时发生，我们也要尽力将最坏情况出现的概率降到最低。毕竟，谁都不想向这位莱斯特司机先生解释为什么一次粗心大意的空间任务能摧毁地球的一部分生态系统。另外，预防原则也足以说服我们在恰当处置外星样本并彻底研究其组成之前，应按照它包含危险的外星微生物的标准谨慎对待。

我们抵达了目的地，但除非司机先生的焦虑得到缓解，否则我不会认为任务已经完成。于是，我问道："现在，你怎么看火星人呢？"

"莱斯特仍旧不欢迎他们，"司机先生直截了当地回答，"但听起来，它们似乎不太可能会来。"

莱斯特的出租车司机们不会受到火星人入侵的威胁，你也不会。不过，我们的太阳系是否还栖息着其他生命？那些围绕他们的恒星运动的遥远系外行星世界是否栖息着外星人？这些问题仍旧令我们好奇。即便他们真的存在，或许也永远不会影响到地球人的日常生活和工作，但外星人是否存在是我们每个人都会思考的问题。随着人类搜寻地外生命之旅的深入，我们不必自寻烦恼地担心外星人是否会抢走我们的工作，但我们的确应该以一种更为开放的态度、更为谨慎的作风，探索这片全新的未知前沿领域。

环境保护和太空探索是两个毫不相关的挑战吗？它们之间有什么看不见的联系吗？美国宇航员特雷西·考德威尔·戴森在国际空间站思考了相关问题。

第 4 章

我们是否应该先把地球上的问题解决了？

乘坐出租车去帕丁顿火车站，赶火车去
希思罗机场，再搭飞机去美国。

当我们驱车穿过拥挤的伦敦街道时，我看着窗外熙熙攘攘的人群，躲避着来往的车辆，试图横穿马路。他们注意力高度集中，努力判断在这巨大的前进车流之中，短暂的停顿是否足以让他们冲过马路。他们的注意力完全集中在到达另一边这个简单的任务上。

司机先生似乎读懂了我脑海里的思绪。"外面太疯狂了，"他说。当听到购物袋碰撞汽车保险杠的声音时，他忍不住倒吸一口凉气。

"没错儿。大家都沉浸在自己的世界里，"我回应说，"有这么多问题需要解决，可时间却这么少。"

"那么，是什么风把你吹到这儿来的？"司机带着浓重的印第安口音询问我。他年轻且机警，可能是刚从事这一行，穿着一件时髦的带扣衬衫，胳膊伸到车窗外晃来晃去。

我解释说，自己应邀去美国国家航空航天局参加一个主题为"外太阳系冰卫星"的研讨会。我们会在会上讨论目前已经掌握了哪些栖息在地球冰冻荒原上的生命，也会讨论美国国家航空航天局在类似的严寒外星环境中寻找生命时会遭遇哪些重大挑战。如果外星生命隐匿在冰冻海洋的深处，我们要怎么探测到它们？如果我们探测到了它们，又要怎么采集这些坚如磐石的固态水冰样本，并且带着它们穿越无尽的虚空，返回地球？

"我对这些事情真的很感兴趣，"司机插话说，"有时候可以在电视上看到类似的节目，就是关于太空探索的节目。每次看到这些介绍，我都控制不住自己的好奇心。不过，地球上还有很多问题没有解决。我们必须先把这些麻烦解决了才行。"

我再一次望向窗外，望向那些行色匆匆、饱受生活压力的行人，他们的思绪距木星卫星有多远呢？毫无疑问，那完全是另一个世界。这时，有辆车加塞到了我们前面，司机忍不住摁响了喇叭。

"你说得对，地球上确实还有很多问题需要我们解决。这一点毋庸置疑。不过，这是否意味着我们不应该畅想太空，不应该去做造访那些星球的美梦？或许，我们可以在那里找到某些解决地球难题的答案？"我委婉地说出了自己的想法。

司机则毫不犹豫地回应说："我同意，我同意。我们不能总是想着眼前糟糕的交通状况，而太空可以带走我们的思绪，让我们暂时远离日常烦事的烦恼，对吧？探索太空甚至有可能解决一些现实问题。或许，我们在地球上经受的苦难可以通过仰望浩渺的星空来解决。"

他的观点很清晰。对于探索宇宙和解决地球问题这两大目标，大多数人都倾向于这位司机先生原来的观点：我们应该先解决地球上的问题，再探索太空。有些人甚至认为，处理环境破坏这样的地球问题与太空探索任务是完全对立的，它们之间会相互干扰。可是，深入思考之后，这位司机先生就觉察到了问题的关键：探索太空和解决地球问题是相辅相成的。

我们应该关切地球家园，这一点并没错，肯定没错。生活在地球上的70亿人口以及我们巨大的消耗量，给这个星球造成了巨大的压力，我们每天发生的事都能证明这一点。地球的直径不足13 000千米，而我们所有人都挤在这个小小的岩石球的表面。从地质学角度来说，我们毫无节制地使用塑料制品、掠夺生存资源，很快就会让地球这个本就脆弱的栖息地变得一贫如洗。

即便是我们呼吸的地球大气，也会变得稀薄、多变且受到很多限制。你可能很难想象改变地球大气有多么容易。地球大气层的大部分区域只有10千米厚。如果你驾车以每小时40千米的速度垂直往天上开，只需大概15分钟，你就会越过绝大多数空气。这个时间甚至比你横穿爱丁堡或者曼哈顿的时间还要短。大气层就像是罩在地球表面的一层轻薄面纱。一旦你意识到了它的脆弱，就能相对轻松地理解为什么人为地向大气排放少量气体，就有可能改变它的组成。大气中二氧化碳含量的上升无须人类工业付出巨大"努力"——几百年的空气污染就足够了。

因此，对于耗费资源进入太空、研究太空，甚至在火星或月球上建立定居点一事，很多人都持观望态度，也就没有什么好奇怪的了。

在这个气候危机愈演愈烈的时代，我们是否应该在太空探索事业上耗费大量财力和资源？

虽然可以理解大众的这种想法，但他们忽略了一个关键点：通过探索太空，我们会了解很多有关地球的知识。实际上，恰恰是我们对地球附近几颗行星的研究——尤其是金星——极大丰富了与气候变化相关的科学。金星是一个被浓云笼罩的地狱般的世界，神秘且高深莫测。人类曾经幻想，在距离太阳更近的金星上，气候应该更加暖和，上面应该到处都是沼泽和适应了这种气候的生物。然而，空间科学探测得到的结果告诉我们，金星对生命来说显然太过炎热了。我们现在知道，这颗行星的地表每天都要受到450摄氏度高温的炙烤，根本不可能支持生命的生存和繁衍。可是，从金星与太阳之间的距离来看，它的地表温度绝不应该有这么高。是什么因素导致了这种极端环境条件？大约60年前，我们才找到这个问题的答案："罪魁祸首"就是金星的大气层。金星大气中二氧化碳浓度很高，这种气体把原来应该向宇宙空间辐射出去的行星热量（来自太阳）全部困住了，从而将金星地表加热到了液态水都无法存在的高温。金星是一个温室效应极强的世界，这也给天文学家、生物学家和气候学家以及整个人类免费上了一课：当我们向大气中排放过量的二氧化碳时就会出现这样的灾难。

地球工业活动排放的二氧化碳永远不会达到金星大气那种极端水平，但我们的行星同样受到了这种温室气体的加热，其中的机制完全一致。正是通过观测金星这颗地球的姊妹行星，我们才第一次见识到了温室效应可以给整个星球的环境造成怎样的影响——相比正常接受太阳辐射所能达到的温度，温室效应对行星的炙烤要猛烈得多。

这个教训，我们应该牢记在心。地球并不是孤悬于原初天穹之下的孤立小球。我们生活在一个更大的环境中，至少也有太阳系那样广袤。我们的历史在这家大剧院中上演，我们的未来在很大程度上受到了它的影响。通过努力探索这片庞大的区域，我们足以完成自我救赎。

太空探索不仅能教会我们如何保护地球，还能帮助我们躲过来自太空的威胁。这也是我在这次乘车之旅中同出租车司机谈论的下一个话题：小行星以及它们对我们的威胁。

地球会周期性地受到太阳系形成时期残留物的轰击。这些岩石碎片像蜂群一样朝地球袭来。它们中的一部分，也就是所谓的"近地小行星"，有可能会在地球绕太阳运动的无尽之旅中与我们相遇。如果与我们不期而遇的这些石块很大，就可能给我们的行星造成灾难性的影响。这可不是仅存于理论中的担忧。大约6 600万年前，一颗小行星撞击地球，就此终结了恐龙对地球的漫长统治，这就是我们现在知道的最惊人的例子。然而，即便是小得多的小行星，也能给地球造成破坏。前往亚利桑那州弗拉格斯塔夫郊外的沙漠，你会在地上找到一个巨大的坑洞，就像是有一个巨人拿着冰激凌勺从地上挖走了一块直径约1 000米的土地。大约50 000年前，一小块岩石碎片撞击地球并坠落在此地，撞击产生的冲击波夺走了方圆数千千米内的所有生命，树木全都倒伏、焚毁，整个地区都被夷为平地。

地球上到处都有小行星等地外天体撞击留下的印记，只不过其中有些并不起眼。在南非的灌木草原上，也有一个类似大小的陨石坑。这一地区现在成了一片盐湖，斜坡上缀满了翠绿色的灌木。对游客来说，这个地方可以算作地球上的无数美景之一，但它记录的其实是外星来客给地球造成的破坏。这类撞击事件听起来像天方夜谭，留下的这些陨石坑似乎只是远古时代遗留下来的伤疤。然而，事实并非如此，小行星至今都对地球造成了巨大的威胁。实际上，外星天体撞击地球并不鲜见，南非灌木草原和弗拉格斯塔夫这种规模的撞击事件大约几千年就会发生一次。如果今时今日有差不多大小的石块直接击中城市，可能会有成百上千万人因此丧命。

　　你也可以对这样的事件视而不见，但这么做非常愚蠢。这些"天外来客"的威胁现在已经清晰得像恐龙眼中的那道小行星撞击地球时的闪光了，我们应该意识到地球与宇宙之间不可割裂的联系，并且行动起来。要想预测我们受到此类天体撞击的频繁程度以及人类社会是否会受到它们的威胁，就必须绘制出这些石块在空间中的分布，这就需要望远镜的帮助。当然，我们可以在地面上搜寻它们，但空间望远镜的效果更好。它们可以稳定地架设在太空中，像哨兵一样扫视整个天空，不受空气扭曲效应的影响。除了这些太空石块的运动轨迹和速度之外，知晓它们的构成也会有用，这样我们就知道它们的破坏力有多强了。它们会在地球大气层中解体，还是完好无损地落到地面上？要想回答这个问题，我们就得派遣航天器去检测这些天体，收集它们表面的样本，带回地球，详尽分析其内部组成。

　　如果人类文明希望逃过被这些天外来客终结的命运，那么前面这些内容已经足够证明太空探索的必要性了。我们必须研究这些在太空中游荡的"流氓"天体，这就需要一套完整的太空探索规划。一旦发现有足以威胁人类文明的小行星可能与地球相撞，我们就必须利用大量高度精巧且前沿的工程项目避免这种可怕的后果。而这正是美国国家航空航天局开展"双小行星重定向测试"（Double Asteroid Redirection Test，DART）任务的根本目的。重达500千克的DART航天器已于2021年发射升空，计划与双小行星系统——迪莫弗斯和迪迪莫斯——中较小的那颗（迪莫弗斯）相撞。迪莫弗斯原本是围绕迪迪莫斯运动的，DART的目标就是通过撞击改变迪莫弗斯的运动轨道。按照计划，科学家在地球上就能探测到撞击产生的小扰动，从而验证撞击小行星使其偏离原运动路径的技术原理是否可行。我们不能小瞧了这次任务。这是人类在地球上演化了35亿年后第一次带着拯救自身、预防灭绝的明确目的测试某项技术。而促使我们这次行动的，就是许多年之前那10亿头恐龙。

在我向司机先生介绍了这些听上去相当可怕的事实之后，他看上去很着迷，也很紧张。他今早刚遇见我的时候，大概压根儿没有想到小行星撞地球的事。不过，我现在似乎说服了他。他接下去说的话切中要害，那就是如何分配人类有限的资源，究竟哪些问题应该优先处理。我认为这个问题相当棘手。

"你说的这些，我都明白，但你知道，像我这样载着乘客在伦敦附近到处逛，很难想到小行星这样的事，对吧？"确实如此，当其他人认真工作的时候，我却把时间花在思索这类事情上，着实有些草率了。司机先生没有说错，我们不应该把整个人生都花在思虑太空上。我们还有其他任务要做，比如买东西、做家务，当然还有工作。可是，我觉得我们还是应该抽出时间仰望星空，因为这有助于我们扩大视野，有助于我们更好地认清自己。这是一种恰当且抽象的表达方式，因为我们与宇宙其他部分之间的关系就是一切疑问的源头。不过，这种关系同时也会对我们的未来造成无比真切的影响。

我想让司机先生明白地球与宇宙之间不可分割的联系，于是，我提到了环保主义者在20世纪70年代杜撰的一个词："太空船地球"。这个词背后的真相简单明了。地球好比一艘巨大的太空船，以每秒30千米的速度绕着太阳运动，而太阳则以每秒200千米的速度绕着银河系中心运动。其实，不仅是太阳，银河系内所有恒星以及它们的世界都围绕着银河系中心的超大质量黑洞翩翩起舞。我们建造的诸多太空船与栖息于此的这艘地球太空船之间有一个重大差异：地球绕着太阳展开的无穷无尽的轨道运动似乎毫无意义，而我们建造太空船就是为了执行某些任务。即便如此，我们所在的这个星球也无疑可以被看成某种意义上的太空船。我们就在这里，封闭在一个我们称之为"生态圈"的庞大生命支持系统中。相比国际空间站上的系统——工作时嗡嗡作响的机器是宇航员的生命保证，它们生产氧气，并且清除空气中的二氧化碳——我们的生态圈当然要复杂得多。但这也很正常，空间站的建造只需要几年、十几年，最多几十年时间，而地球生态圈是数十亿年演化的产物。

从这个意义上说，环保主义者实际上就相当于空间工程师，他们研究、调整地球生命支持系统，并且敦促所有人照料好它。相反，设计国际空间站的人也可以算作环保主义者，他们的目标就是调整并改进支持两三个人在空间中生存的微型生命支持系统。从这个角度上说，环保主义者和太空探索者其实是同一类人——他们的目标是确保人类能在宇宙中成功并且可持续地生存下去，区别是他们的工作范围不同。

就目前的情况来说，这个观点似乎有些牵强了，但这点确实很重要。环保主义者批评太空探索者和太空移民项目支持者的案例并不少见，他们总是批评这些人做着征服宇宙或移民火星的美梦，浪费大把时间和金钱，全然不顾地球上亟待解决的问题。另一方面，我也遇到过一些与环保主义者意见相左的太空探索者。他们认为，虽然环保主义者意识到了人类面临的重要问题，但多少有些目光狭隘了。在他们看来，环保主义者在我们分明有机会探索无尽宇宙前沿的时候把目光局限于地球的创伤，这完全是一种短视行为。如果这两方能够意识到其实大家的目标是一致的，都是为了在"宇宙"的无边界环境中成功地生存下去，那么环境保护事业和太空探索项目将会不计前嫌，融合到人类未来的共同愿景之中。

从实践角度出发，我们在思考人类的可持续发展的时候，应当考虑宇宙能给我们提供哪些资源。司机先生带着我转入通往帕丁顿火车站的埃奇威尔路后，我谈到了一个很能说明问题的类比，而且我很喜欢这个类比。想象有一天，你在外出购物的时候，不小心在商场里滞留过了闭店时间，而这家商场的工作人员也因为粗心大意没有发现你的存在就锁上了所有大门，最要命的是，这家商场一关就是整个夏天！就这样，你要在接下去的整个夏天过一段与世隔绝的生活。你找不到逃出去的办法，只能孤独地盘腿坐在那里。到最后，你一定会遇到食物匮乏的情况，资源越来越少，必须付出更多努力才能依靠有限的资源撑过整个夏天。然而，为什么你要忍受被关在商场里苦苦寻找面包屑或其他残留食物的痛苦生活？为什么不狠狠地踢开商场后门，跑到外面熙熙攘攘、开着无数商店、食物供应完全没有问题的喧闹的大街上？

　　同样的，地球也是一个受到诸多限制的地方。这并不是说我们不应该追求高效，不应该尽可能减少浪费，不应该在利用生态圈的资源时努力削减对它造成的压力，但是，将整个人类的未来和我们的物质及能量来源都局限在地球这一颗行星上，就是闭起眼睛、无视无边无际的广袤宇宙以及它能为我们提供的丰富资源。据估计，地球上易于开采的铁矿石储备只够我们的钢铁及相关行业使用几百年。然而，在小行星带里，也就是在火星与木星之间的岩石区域里，蕴藏着足够我们使用数百万年的铁矿，更不用说那里还有大力发展高科技产业所需的铂及其他元素。在地球上开采生产手机和计算机电子元件所需的矿藏资源的代价十分高昂，对执行挖掘任务的劳动人民以及他们的家庭、社区来说，也同样如此。那么，假如我们能在其他地方获取这些必要材料，岂不是美事一桩？

　　当然，和地球上的原材料一样，开采地球之外的资源也同样不容易。这就是为什么太空探索者和环保主义者都对太阳能、回收技术和高效开采技术抱有浓厚的兴趣。在这个问题上，主张维护地球的人和主张进军太空的人达成了共识，他们都致力于寻找更加先进的获取、使用、再利用资源的方式。因此，在这一点上，双方也同样具备携手共进、一起解决问题的巨大潜力。无论关注的重点是地球还是太空，也无论人类未来在哪里建立家园，高效使用资源都有助于我们开发驱动人类文明继续繁荣下去的技术手段。

小行星带采矿业未来的经济前景肯定是一个未知数。小行星带金属矿物的开采成本是否可以低到政府或私营企业愿意耗费大量时间和资金去做这件事的程度？现在这个问题还没有确切答案。不过，随着人类进入太空的成本不断下降以及越来越多的私营企业发射航天器离开地球，从目前看来，这类以太空为目标的企业很有可能在未来几十年里越发变得有利可图。不过，无论如何，这些细节问题还不至于立刻成为我们忧虑的方向。就目前来说，我们更应该深刻意识到并且牢牢记住更高层面上的愿景：当宇宙用近乎无限的资源召唤我们踏出离开地球的脚步时，我们不能继续把所有希望都寄托在地球这块小石头上，不能大真地指望它一如既往地养活70亿甚至更多的人口。宇宙正在召唤人类步出地球的摇篮。

这番愿景也有糟糕的一面。我们可以想象，如果我们未来在太阳系其他地方采集到充足的金属等资源并把它们带回地球后，资源消耗就会愈演愈烈，并且环境破坏加剧。这显然不是我们希望看到的结果，相反，我们必须做一些规划。我们可以将部分产业移植到宇宙中，并且重点迁出地球重污染区内的产业。如果我们能在小行星带采集金属，为什么不直接在那儿加工？如果能朝着这个方向发展，那么地球未来将成为宇宙中活力四射的绿洲，成为理想的人类居住区，一个到处都是公园、湖泊、海洋且空气质量良好的地方。人类产业中对环境最不利的那部分、会排出有害气体的那部分将被放置在能够容忍污染的宇宙真空中进行。

在我讲述这些的时候，司机先生不停地点头。"而且我觉得，太空探索者也能从地球上了解很多有关其他行星的知识，对吧？"他问道。我们马上就要驶入帕丁顿火车站，我要在那儿赶火车去希思罗机场。不过，我无论如何都要回答他的这个问题，因为只有这么做，才能自圆其说。认识宇宙有助于我们更好地在地球上生活，但同时，地球上的工作也有助于我们开拓宇宙。我们在这场探索太空和照料地球的联合行动中学到的很多经验教训都能相互促进、互惠互利。探索太空和照料地球并不是两个毫不相干的目标，更不应该是互相对立的。

如今，科学家为了探索太空，也会造访各种地球环境。这些所谓的对等环境有助于我们深入认识其他星球的自然环境，甚至有助于我们判断是否能在那些地方发现生命。科学家在冰天雪地的南极荒原上研究生命如何应对极端寒冷和干燥的环境，从而收获了有关火星上是否可能存在生命的启示。从高含盐量的地底深处周期性流出的水体塑造了南极和北极的部分极端环境，这些水体的特性有助于我们探究古代火星的地质情况——曾经有那么一个时期，这颗红色星球上的冰川在太阳光的照射下融化，形成湖泊和水体。正是这种探索生命生存极限的过程激发了我本人以及许多同行对科学的兴趣。

那么，生命的极限到底在哪里呢？地球上有许多可以提供相关信息的地方，而且这些地方绝不是大多数人心目中的理想度假地点。它们要么天寒地冻，要么酷暑难耐，要么干旱贫瘠，总之看上去毫无生机。然而，即便是在这样的地方，也仍旧顽强地生存着一些生物。我们也由此得以窥见孕育生命的极端环境，这一点对我们在宇宙其他地点寻找生命大有帮助。与极端环境相关的研究促使你把更多注意力放在一些奇奇怪怪的地点上来。在我看来，在茂密的森林中搜寻生命，再平常不过了。北极荒原中的一抹青苔以及任何生命的蛛丝马迹才是我的最爱。这类生活在极端环境中的生命维系着生与死的微妙平衡。

地球上还有许多各不相同的极端环境，从智利阿塔卡马沙漠这样的干旱地区到西班牙力拓河这样的酸性河流，科学家可以借助它们研究外星环境的运作方式，同时也可以在反思极端环境成因的过程中更好地认识地球。地球上的极端环境绝不会是宇宙中的孤例，其中一部分必然会与我们未来在其他行星和卫星上发现的环境重合。借助这些共有的环境，我们就能了解那些外星世界的历史，了解它们为什么可能成为生命的栖息地，了解人类活动会怎样影响地球上容纳的生命。

虽然司机先生凭直觉能理解地球与太空之间的联系，但环保主义者与太空探索者之间存在分歧也不难理解。太空探索项目诞生于冷战时期，那是一场意识形态的霸权之争，而太空这块高地就是两位主角的终极技术试验场。这种对抗态势下产生的各类项目都充满了竞争意味：第一个进入太空的人类，第一支进入太空的团队，第一个登上月球的人类，等等。美国与苏联的太空竞赛几乎和地球环境没有任何关系。相较之下，地球之上，人们对杀虫剂影响的担忧以及对环境问题日益增长的关注促使全球环保意识不断觉醒，而且这种觉醒目前看来似乎和各国政府间的意识形态的厮杀相去甚远。现代环保运动反映了人类热爱和平的呼声，这与太空竞赛的出发点显然是对立的。

　　然而，就此认为环保主义和太空探索势不两立，也绝非正确的观点。许多关注地球自身环境的传统组织也对太空探索敞开了怀抱，他们认为太空探索是环保运动的下一个大前线。此外，宇航员自豪地将自己的太空探险经历视作一种体会地球脆弱与渺小的方式。不过，总体来看，环境保护和太空探索这两大活动确实存在明显分野，也正是这条鸿沟的存在，助长了两派人士之间可能存在的对立情绪，同时也深化了司机先生的那个想法：我们应该先解决地球家园自身的问题，再去想怎么探索太空。

　　不过，我们也可以以一种完全不同的方式看待人类的未来。我们不必认为自己来到了岔路口：一条是关怀地球自身，另一条是探索太空，两者只能取其一。这无疑是一种对于人类未来的二元观，它认为环境保护与太空探索是完全互斥的，并且强调只要你选择了其中一条路就必然会拒绝另一条路。实际上，这两条路都包括了可以令双方都受益的科学和技术。我们在探索太空的过程中掌握的信息有助于我们更好地认识地球。此外，许多空间项目，比如绘制太阳系中的小行星分布，以便开发、利用这些天体上的资源，都有立竿见影的现实好处，足以帮助我们保护地球以及生活在地球上的所有人。

我们在地球这艘太空船上，绕着太阳运动。相比仰望宇宙并把这项活动当作暂时忘却世俗烦恼的消遣，我们更应该全心全意地接纳自己在整个宇宙中的位置。和其他行星一样，地球也是太阳系的一部分，也和太阳系的命运牢牢捆绑在一起。只有意识到这点，我们才能学会更好地照料地球家园，才能更清楚地认识到太空能给我们带来何种好处，能在多大程度上为人类持续的繁荣做贡献，以及能为我们提供多少必需品。我们必须立刻行动起来，去解决人类以及整个地球生态圈面临的那些重大环境挑战，但与此同时，我们也应该鼓起勇气去探索太空，因为这是人们提升未来生活品质的最佳方式。当然，在环境危机越发紧急的时候，探索太空似乎更应该退居其次，这与以前相比更像是一种奢侈的念想，但是，地球家园日益增长的各类需求更加凸显（而非削弱，甚至否定）了探索太空的重要性。环保主义和太空探索其实是一对双胞胎，只有双管齐下，我们才有机会让未来的地球变成一片绿洲，并且由具备星际旅行能力的文明来维护。

我付完车费，向司机先生表示感谢后，就消失在了赶火车的人流之中。或许，这些乘客永远都想不到小行星和火星这样的主题。然而，我慢慢觉得，我刚刚和司机先生开展的那类对话——由环境保护和太空探索的收获引发的有关地球和太空的讨论——正在一点儿一点儿地被大众接受。随着人类太空探索的深入，或许太空定居的概念会逐渐深入公众意识，最后变得根深蒂固，就像人们现在普遍忧虑地球岌岌可危的未来一样。也许，出租车司机们很快就会发现，有关环境保护、太空定居和小行星的这类话题会成为他们工作的一部分。

太空旅行已经开始向大众开放。图中，太空探索技术公司（SpaceX）的龙飞船载着为私营公司服务的宇航员正与国际空间站对接。

第5章

普通人有机会去火星旅行吗?

从爱丁顿大学乘出租车去韦弗利火车站,
搭乘火车去伦敦。

"去火车站?"司机女士问道,"坐火车出去玩吗?"这位司机大概40多岁,戴着一副红色眼镜,头发蓬松。她喜欢时不时地敲敲方向盘或是推推眼镜。

"我是要去迪德科特的卢瑟福·阿普尔顿实验室,讨论一项将在太空里展开的实验,"我解释说。

"太空?你刚刚说太空?"司机女士很好奇地往后视镜里瞥了一眼。

"没错儿,现在这个实验还处在理论阶段,但我们已经在认真思考，要怎么在未来几年里把它送到空间站去，"我继续说道。

接着，司机女士便问出了一个我在打车时经常被问及的问题："那么，你会亲自过去吗？"很多人似乎都觉得，当你用肯定语气陈述问题的某种答案时，它就的确有可能发生。我也希望是这样。

"很遗憾，我去不了。我觉得，我还当不了宇航员。或许，等到商业火箭公司的太空旅行成本降到普通人都可以接受时，前往太空会成为大家习以为常的活动，但现在肯定不行。不过，话说回来，要是有机会，你会去吗？"我反问道。

司机女士看向了后视镜，一双大眼睛炯炯有神。她再一次向上推了下眼镜并且开始敲击方向盘。

"我会去，算我一份。我老公估计不会同意。孩子们都成家了，他们也不会介意。不过，你能想象一下，这是多好的机会啊！我肯定会去。当然，我不想后半辈子都待在太空里，我还想回来，但肯定是要去太空的。"她毫不犹豫地说道。

我想知道，是什么样的动力让她对前往太空如此渴望，便询问她原因。"这种冒险多刺激啊！哪怕我不是第一个上太空的人，但你能想象那种感觉吗？别误会我的意思，我很喜欢现在的工作，但如果一直待在爱丁堡这个地方，每天只会重复着同样的事情。太空就不一样了。要是有机会，我肯定会去，"她像开机枪一样说了很多。

　　她并不是我遇到的第一个对太空旅行感兴趣的人。实际上，这样的人有很多，你永远都猜不到他们对太空旅行的渴望有多么强烈。这点令我感到惊奇，甚至让我觉得有点儿好笑。许多你觉得永远不会对太空旅行抱有强烈愿望的人实际上都饱含热情。酒店老板、银行家、商店店员、服刑人员，几乎所有领域里都有对太空旅行兴致勃勃的人。

　　对于这个现象，我有过非常切身的经历。那是在 1992 年，我正在撰写博士论文。当时，我坐在牛津的一家酒吧里，热情地向我的博士同学表达我对火星的兴趣。那个时候离英国大选只剩两个月，酒友们撺掇我以火星旅行为噱头竞选公职。我应承了下来，他们则允诺加入我的影子政府。第二天，我们驱车去了亨廷顿政治选区——当时的英国首相约翰·梅杰曾担任过亨廷顿地方议员。我们收集到参选必需的 10 个签名，付了竞选保证金，于是，"前往火星党"就这么诞生了。我还在我的小车上安装了扩音器，把它变成了我的竞选巴士。我开着它到处转，拉选票。当然，我还构思了一个朗朗上口的口号："是时候改变了，换一个星球。"街上的行人听到这个口号后总能会心一笑，于是，我们便一直使用这个口号。之后，我们还相当严肃地提出了竞选纲领：建议在火星上建立一个英国基地，并且提升英国在火星探索中的参与度。每周六下午，我都会在亨廷顿街头发表简短的火星探索演说，并且驱车去广播站、医院、教会宣传我的纲领。

就这样到了大选之夜。我战战兢兢地站在常年参选（也常年落选）的嚎叫的上帝萨克（Screaming Lord Sutch）和桶头勋爵（Lord Buckethead）身旁。哦，对了，议会成员也在场。我就这样接受了人民的裁定，总共得到了91张选票。"前往火星党"得票数排在倒数第二，击败了"自然定律党"，以几万票的微弱劣势与议会席位失之交臂。实事求是地说，91张选票让我受宠若惊，毕竟我之前在亨廷顿不认识任何人。我到现在都不知道，那些支持者究竟是谁。不过，在参加竞选的那两个月里，我确实了解了很多人对太空探索的想法。公众对这个话题的热情远超观看影视节目的范围。从事实角度来说，也的确是这样。毕竟，当你正经地参加英国大选，并且成功说服91个完全不认识的人投票支持你的火星探索事业，就足以说明太空旅行的愿景有多么震撼人心了。因此，当我发现这位出租车司机也对此很是兴奋的时候，并没有感到太多惊喜。实际上，人们普遍对太空旅行抱有相当浓厚的兴趣，不是那种把机器设备或者宁航员送上天的项目，是我们这些普通人也能真正参与的太空旅行。

"我还要等多久？"司机女士问我。很明显，她很想知道她什么时候才能有机会去太空旅行。

我这个年龄的人大部分还记得人类刚刚步入太空时的那段充满激情的岁月。我至今还记得8岁的时候看过一本介绍美国国家航空航天局"阿波罗计划"的书。那是在20世纪70年代中叶，人类登月行动还没有成为遥远而模糊的过去。阿姆斯特朗的话语仍旧鲜活地在许多人耳边回荡。此类宏伟的探索行动最终能将我们引向何方？这个问题引发了大众的兴奋和狂热。那本书详细介绍了阿姆斯特朗和奥尔德林的探月之旅，结尾还有两页展望了20世纪80年代人类探索太空的前景。关于火星基地和宇宙飞船的想象照片就像是要带你远行到外太阳系一般。在当时看来，这些愿景虽然遥远，但并非遥不可及。你知道，真正让人沮丧的是什么吗？那就是，当时8岁的我真的认为自己可以在20世纪80年代去火星旅行。可事实是残酷的。

　　那个时代的未来学家憧憬太空旅行会变成人人都可参与的日常活动，而非只有具备"合适条件"的幸运儿才有的特权。普林斯顿大学物理学家杰拉德·奥尼尔写了一本书，书名为《高边疆：太空中的人类殖民地》（ *The High Frontier: Human Colonies in Space* ）。书中充斥着各类精巧奇异的太空定居点，用来捕捉太阳光线的镜子闪闪发光，包围着巨大的环形飞船。而环形飞船本身则缓缓转动，人们在里面种庄稼、建房子、修道路。以这样的飞船为基本单位，构成了整个人类的太空定居点。奥尼尔描绘的画面还让我们看到了一个怪异的场景：在一个巨大圆柱体空间的两侧，面对面地坐落着两个城镇，于是，两个镇子里的居民就好像是挂在对方头上的天空里一样。

　　但几十年过去了，人类移民太空的图景根本没有实现，很多人因此大为失望。我们所做的一切似乎就是在地表上方的近地空间中建造一个又一个空间站，它们绕着这颗行星一圈又一圈地转着，永不停歇但哪儿都去不了。从一开始的天空实验室和礼炮号空间站，到和平号空间站，再到如今的国际空间站，空间站是越来越多、越来越先进了，但我们似乎距离在火星和月球上定居仍旧很遥远。因此，大家都萌生了失望情绪。不过，我们也必须看到，在阿波罗号上的宇航员登月后的这几十年中，人类同样学到了很多东西，也并非止步不前、毫无收获。至少，我们现在知道了太空环境会对人体造成哪些影响，这些知识对未来普通人大规模前往太空具有非常重要的意义。

太空会对人体造成伤害，在太空中驻留的时间越长，这种伤害就越大，因为肌肉会在低重力环境中萎缩。就算你能在天空旅行途中去月亮上打几天高尔夫球、收集点儿月球岩石做纪念品，相比于至少几周的在轨时间，这点儿运动量也根本算不了什么。至少就目前来说，让没有宇航员那般强健体魄的普通人暴露在这种环境下，后果不堪设想。而且，即便是体魄强健的宇航员也必须严格执行训练计划，才能在太空中保持良好的身体状况。他们把自己绑在跑步机上，每天跑步、举重几个小时，以防肌肉萎缩、骨质流失。骨质流失是太空环境对人体提出的另一大挑战：由于没有力（比如地球上的引力）作用在骨骼上，它们就会慢慢萎缩、疏松。

太空对人体的挑战还不止这些。事实证明，一进入太空，你的体液就会因为失去了引力的牵拉而朝着身体上半部分汇聚。于是，你的脸就会发肿。这不仅会让你觉得很不舒服，而且会让你丧失方向感，分不清哪面墙朝上，哪面墙朝下。那边有台计算机？但具体在哪儿？可能是在地板上，也可能是在天花板上，你只能依靠对面墙上挂着的事物来判断——你的大脑习惯于认为某些东西应该出现在天花板上，某些东西应该出现在地板上。这种感官错觉以及不断变化的方位会让你觉得天旋地转。于是，你完全无法掌握平衡，难受至极。

总而言之，要想进入太空，必须先接受完备的训练。在宇航员亲身试验之前，我们只是知道前往太空并不容易，但现在，众多太空探索者在轨道空间站上度过相对较长的时间，我们明确地知晓了其中的困难。虽然对我们这些翘首盼望着火星旅行车票的地球人来说，空间站只能算是稀松平常，但是在过去几十年里，空间站的确为我们提供了大量有关太空的知识。我们在空间站里展开了很多地球上完不成的完美科学实验，比如抗生素方面的研究以及太空中火焰扩散方式的研究。等到地球普通游客终于踏上月球之时，我们首先要感谢的可能就是在空间站中获取的诸多知识。

可是，司机女士的问题还是没有解决：普通人去火星旅行，到底还要等多久？她似乎迫不及待地想要知道这个问题的答案。"为什么现在我不能去？"她迫切地问道，同时，后视镜里她的眼睛睁得大大的。

"好吧，我觉得，这个愿望之所以迟迟未能成真，就是因为缺乏政治动机和意愿。"我解释说,"只有政府才有能力推动像阿波罗计划那样的空间项目。那个时候,美国和苏联本质上都把太空看作展示自身优越性的舞台。登月项目就是美国对苏联越发成功的地球轨道项目的回应。进入太空的第一条狗、第一个人、第一位女性、第一个机组都是苏联人的杰作。显然,他们的下一步就是要送人上月球了。如果美国人能抢先完成这个壮举,那么苏联此前所有的成就虽然算不上毫无用处,但从技术角度上讲,总是要比触及月球这个全人类的古老梦想稍逊一筹。"

我继续向司机女士解释说,在这场太空竞赛中,普通人除了观看电视直播并且热烈地为之欢呼雀跃之外,做不了其他事。被选入太空舱内的人必须是万里挑一,这意味着他必须做事有条理,性格粗中有细,在巨大的压力下也能保证情绪稳定、冷静,且一心只想着如何顺利完成任务。这个时期的太空探索项目绝不是有流程可循的商业化项目,普通人是没有办法参与其中。各国政府也从未想过要把这些太空项目延伸到旅游产业。

等到美国人把国旗插上月球后,这种认为只有专业人士才能进入太空的观点已经变得根深蒂固了。接着,全球第一种可重复使用的航天器——航天飞机——横空出世,但上面也没有搭载过太空游客。(苏联人也研发了自己的暴风雪号航天飞机,并执行了一次任务。)的确有一些"普通人"参与了航天飞机的太空任务，比如不幸在挑战者号航天飞机事故中丧生的教师克里斯塔·麦考利夫。不过，她是在 10 000 多名申请者中脱颖而出的，并且接受了全方位的训练。1998 年，起始于 20 世纪 80 年代的国际合作项目国际空间站正式发射升空，但项目的直接参与者仍旧是具有政府背景的宇航员。直到今时今日，也依然如此。

现在，终于能够聊点儿振奋人心的内容了。"所有这一切，在 2001 年发生了真正的改变，"我解释说，"因为这一年，我们普通人的太空旅行之梦终于迎来了第一缕微弱的曙光。"当时，丹尼斯·蒂托完成了为期 8 天的访问俄罗斯和平号空间站之旅。蒂托起初是一位航天科学家，后来变成了投资大亨。他在拿到纽约大学航空航天学学士学位之后，前往位于加利福尼亚的美国国家航空航天局喷气推进实验室工作。最终，他把学到的数学知识应用到了市场风险分析上，并且赚取了高达数百亿美元的个人财富。凭借这种"钞"能力，他同一家名为 MirCorp（Mir 即指和平号空间站）的公司建立了合作关系。这家公司野心勃勃，希望通过将游客送到和平号空间站为私营企业在太空旅行项目上谋得一席之地。必须承认的是，美国国家航空航天局当时对蒂托的计划并没有多大的兴趣。时任美国国家航空航天局局长丹·戈尔丁认为，太空不适合开展商业旅行。不过，2001 年 4 月，蒂托在另一家公司"太空冒险"的帮助下实现了梦想，终于如愿进入太空。

蒂托的太空之旅并没有打开普罗大众奔赴太空的大门。他的这趟旅行耗资2 000万美元，毫无疑问，商业太空旅行的条件还不成熟。另外，考虑到蒂托的航天工程学背景，他出现在空间站上也不能完全算非专业人士。不过，无论如何，这是一个转折点。自此之后，人们对待太空旅行的心理发生了变化。蒂托的太空之旅并没有让宇航员贬值。美国国家航空航天局的精英宇航员们仍旧是精英。不过，一个六旬老汉都能在地球轨道上待一个多星期，这也充分证明了并不一定非得是精英宇航员才能进入太空。蒂托的太空之旅表明，商业太空旅行的确是可能的，但现阶段而言，它的普及面不可能很广。即便没有接受过多年训练，普通人也可以进入太空，在那里待上几天，帮宇航员开展一些实验，然后安全地返回地球。

当然，从实践和组织的角度来看，这样的旅行还不能算是我们期待的那类人人都可参与、稀松平常的太空旅行。这样的太空旅行目标对象范围较窄，规模相当有限，而且依赖政府项目。蒂托前往的和平号空间站以及前往空间站途中搭乘的联盟号飞船都是苏联政府（后来是俄罗斯政府）管辖和运营的。蒂托还在太空之旅中造访了国际空间站，这也是一个受国家政府管辖的空间站。此外，蒂托为进入太空而做的部分训练也是在美国国家航空航天局完成的。

"都是政府在做，这就是问题所在，对吧？"司机女士问道。"政府肯定不会卖票给我，"她说道，同时用右手的手指向上指着天空。

　　一些极为富有的企业家现在正在努力改变政府垄断太空旅行的现状，司机女士由此也得出结论：全世界都盼望能有一名真正的与政府项目无关的出租车司机进入太空。于是，我向她介绍了痴迷于技术创新的亿万富翁埃隆·马斯克。蒂托实现太空旅行梦的第二年，马斯克就创办了 SpaceX 公司。2008 年，这家公司率先将私人火箭送入轨道。美国国家航空航天局大为触动，并向 SpaceX 支付费用，让其帮助将货物送入太空。到目前为止，这家公司已经用自己的龙飞船完成了 20 多次向国际空间站运送补给的任务。此外，SpaceX 还有一种载人版本的龙飞船，可以将宇航员送入空间站。

　　我在 2021 年对这位司机女士说，"龙飞船上的乘客从严格符合传统的政府宇航员变成了像你这样的真正的私人游客。"听完这句话，司机女士差点儿就兴奋地从座椅上跳起来。灵感 4 号平民太空任务的最大特点是，机组成员全部是真正的普通公民。4 名公民乘坐载人版龙飞船进入地球轨道，这是人类历史上的第一次。"从某些方面来说，他们为我们这样的普通人进入太空打开了大门，"我说，"随着越来越多的私营公司进入太空，相关技术变得越发可靠和安全，普通游客付费实现太空旅行指日可待了。"

　　"所以，你觉得我是不是离梦想实现的日子越来越近了？"司机女士问道。

　　"没错儿，"我回答说，"我觉得我们都离那一天越来越近了。"

　　SpaceX 吹响了私营企业进军太空的号角，但它并不是唯一一家公司。这个产业正在快速发展。在马斯克之后，知名企业亚马逊创始人杰夫·贝佐斯也运用自己的财富创办了一家名为"蓝色起源"的公司。和SpaceX一样，蓝色起源公司的目标也是将火箭发射到地球轨道，并且期望未来能登陆月球。与此同时，蓝色起源公司自行研制的新谢泼德号飞船取得了巨大成功。这种飞船可以将太空游客送入亚地球轨道，体验一次简短的太空之旅。新谢泼德号会载着乘客离开地球大气，抵达太空。此时，乘客会体验到数分钟的失重感，并且能够从黑暗的太空中观赏地球。这种视角与体验无与伦比。之后，飞船就会下落，轻柔地载着乘客坠入沙漠。这一程的票价可能会超过10万美元，虽然这是一笔巨款，但相比蒂托花费的2 000万美元来说，还是便宜多了。

娱乐业和航空业巨头理查德·布兰森也加入了商业太空旅行的竞争。他的维珍银河公司已经建造并发射了数艘飞船。2004年，这家公司的太空船1号——由富有远见的航天工程师伯特·鲁丹设计，并且也是人类历史上第一艘由私人资本建造的飞船——成功进入太空。随后，太空船1号的升级版太空船2号也完工并完成了太空飞行。然而，2014年，维珍银河遭遇重大挫折。第一版太空船2号在空中解体，副驾驶员迈克尔·阿尔斯布里丧生，事故起因是航天器在着陆前过早地展开了用于减速的羽状机械装置。尽管如此，太空船2号的第二版仍旧继续试飞，并且收获成功。布兰森本人还参与了一次前往地球与太空边界处的短途太空飞行任务（为期1个小时）。维珍银河"太空船"系列航天器打开了私人资本探索太空的大门。虽然暂时还无法触及月球，但的确向太空迈出了激动人心的一步。

说到这里，我想试探一下司机女士。"所以只要10万美元，你现在就能体验几分钟的太空旅行，"我陈述了这一事实，看看她是什么反应。结果，她的回答完全出乎我的意料。

"你是在开玩笑吧？"她说，"我可不是要几分钟。我要到火星上去。"看来，我好像是低估了她的人生目标。我很惊讶，也感到高兴。

这几年里，私营公司已经孕育了不少前往地球轨道之外的计划。而且，SpaceX已经开始行动，设计并制造了足以将人类和物资运往火星的原型火箭。其他公司也筹划了航天器探月和载人探月的任务。就目前的情况来说，很难判断哪些公司能够成功。和所有私营产业一样，许多公司尝试后放弃了航天项目，只有很小一部分坚持了下来。毕竟，投资者的兴趣如同潮起潮落，保不齐什么时候投入商业太空旅行的资金就匮乏了。不过，我们用不着担心哪家公司最终会脱颖而出。重要的是，普通人进入太空的可能性正在不断提高。太空旅行的成本大幅下降，已经在私人能够承受的范围内。越来越多的企业开始争夺太空前沿，它们测试新引擎、试飞新飞船、使用新材料。于是，人类对如何进入太空的知识也随之迅速增长。无论是哪一代飞行器、哪一代太空游客，危险始终存在，但进入太空的难度确实降低了，司机女士离负担得起安全太空旅行费用的那一天也越来越近了。同样越来越近的还有火星，这颗红色行星也越发有可能成为具有冒险精神的太空游客能够触及的目标，虽然这个愿望可能还要过很长一段时间才能真正实现。

实际上，在许多公司把重点放在如何进入太空的时候，还有一些私营企业则开始思考我们进入太空之后的居所问题。在SpaceX连影儿都没有的时候，热心航天事业的古怪房地产大亨罗伯特·毕格罗就为了实现儿时的太空梦而创办了毕格罗宇航公司。1999年，毕格罗宇航公司开始打造太空住所。2016年，"毕格罗可扩展活动模块"（Bigelow Expandable Activity Module，BEAM）发射升空，并顺利抵达国际空间站，成为它的一个附属太空舱。毕格罗的梦想实现了。BEAM这个巨大的白色充气舱就像一朵超大的棉花糖，附在空间站外部就成了供宇航员和太空游客工作、娱乐的简易太空之家。其实，早在BEAM之前，毕格罗就通过俄罗斯的火箭向太空发射了大量原型太空舱以完善相关技术，因此，BEAM可以算是这一切努力的最终胜利果实。

对未来的太空探索来说，太空居所显然是一个必需品。对大多数人来说，房地产的确没有喷射火焰的火箭那么吸引人，但你去太空度假，总得有个住所。如果有朋友给你买了一张前往废弃孤岛的机票，上面什么都没有，你会怎么"感谢"他呢？

上面提到的所有这些活动其实都是在构建太空经济。在早期玩家做了一些尝试后，其他私人资本都会跟上。难道你想穿着美国国家航空航天局的白色功能宇航服在月球上走来走去？不，你肯定更希望穿着色彩鲜艳、新潮时尚的合身宇航服，还得配上一个帅气但在拍照时不会遮住脸的头盔。现在，已经出现了一些旨在满足这些需要的公司。未来，像这样的新兴产业只会像雨后春笋一样越来越多，从宇航头盔面罩颜色到太空食物的每一件小东西都会成为商业市场中公平竞争的对象。而随着所有这些产业的扩张，太空经济规模不断扩大，相应技术不断提高，我们进入太空的成本就会逐渐下降。早晚有一天，太空旅行会变得像去另一个大洲旅游一样。

然而，我还得提醒这位司机女士，商业太空旅行的前景并不乐观。"你也看到了，到目前为止，商业太空旅行还不是一件容易的事，"我解释说，"前往太空还是存在一定的危险性。另外，即便你真的到了月球或者火星，那边的景色其实也比较单调，一眼望去全是岩石。"

对于在通往商业太空旅行之路上取得的这些成就，我们绝不能骄傲自满。月球和火星贫瘠且危险，这是无论如何都不可能改变的事实。在太空里，来自太阳的辐射耀斑可以瞬间致人死亡。此外，和地球上的假期不同，太空之旅中的氧气可不是免费供应的。如果没有相应设备支持，月球上近乎真空的大气状态以及火星上二氧化碳浓度极高的大气会立刻让你窒息。你在这些地方无法惬意地四处闲逛，享受日光浴。它们能给游客带去的乐趣必然是有限的。无论是月球还是火星，都没有任何野生动植物：月球地平线上只有一大片灰色火山岩；火星上也是一样，只不过呈红色。这些地方会有什么吸引人的卖点？可能只是那种身处外星世界的感觉，这或许也是体验熟悉之物的一种新方式。如果太空旅游的地点是月球面向地球的那一侧，那么你就能看到地球高悬头顶。那种蓝绿相间的美丽色调或许会永远地改变你的世界观，阿波罗号宇航员第一次在无尽黑暗虚空中看到这颗脆弱星球时，就这样为之着迷。

　　说到这里，已经无须再用任何说辞劝说司机女士为太空旅行付费了。"哦，我要去，就冲着这样的场景，我都要去，"她对我说，"我就是想知道太空里究竟是什么样子，尤其想知道身处火星上的感觉！"她再一次朝着天空做了一个手势，眼睛还向上扫了一圈，就像是在寻找火星一样。或许，你也和她一样。很多游客都有自己的人生愿望清单，或许你也是其中一员。他们期望踏遍地球的每一个大洲，那么为什么不去火星上看看？这本身就是一个绝好的埋由。

　　月球旅行成为日常生活一部分的愿景很可能还要一段时间才能实现，火星旅行需要的时间就更久了。不过，在火星上度假的难度可能要小于月球。毕竟，火星至少拥有大气，而且从很多方面来说，火星上的环境条件没有月球那么极端。然而，火星比月球离我们远多了：去一趟月球只需要略多于一个周末的时间，而火星之旅至少需要一年。因此，如果真想去火星，你可得安排好假期，严肃认真地向上级领导请个长假。

事后来看，在阿波罗计划结束 10 年之后就想前往火星度假，无疑是太过天真了。毕竟还有那么多困难没有克服。迈克尔·阿尔斯布里在 2014 年的悲剧提醒我们，还有很多挑战等待着我们去攻克，太空旅行不是轻易就可以尝试的。太空旅行是人类义无反顾的前沿探索，当有生命为此而逝去时，我们就会记得，这个梦想背后绝不只是愿望的实现。太空绝不是那种可以漫不经心地送游客和付费乘客过去旅行的地方。就地球旅游业的真实情况来说，有不少无良旅游公司会让背包客们乘坐有安全隐患的大巴。这么做的最坏结果通常只是大巴抛锚，游客们被困在某处，期待已久的假期泡汤。然而，太空旅行就完全不一样了，有设计问题或功能问题的航天器随时有可能致游客于死地。

不过，虽然我们必须时刻小心翼翼地应对这些挑战，但其中有不少问题确实已经解决了，这让我们有些许宽慰。2002 年，埃隆·马斯克宣布建造私人火箭时，很多人都持怀疑态度。设计并建造载人宇宙飞船，把它安装到火箭上，然后再顺利发射到太空中，最后与空间站对接——其中的每一步行动都技术复杂、成本高昂、规模浩大，只有政府支持才能完成。在很多人的眼中，即便是最为狂热的企业家也不可能做到，无数评论家认为 SpaceX 的计划简直就是天方夜谭。然而，这家公司以及很多与它类似的新兴公司不仅证明私人主导的太空旅行的确可行，而且私营企业具有强大的创新力——没有政府工作任务的工程师们能以无可比拟的想象力和执行力创造性能更佳的新设备。在这种新产业模式孕育下的龙飞船外表光鲜靓丽，看上去就像科幻电影《2001太空漫游》（*2001: A Space Odyssey*）中的飞行器一样。但实际上，它们确实是宇宙飞船，可以装载大量货物，飞船上的机组成员也可以安全操控。2018年，马斯克甚至把他的一辆特斯拉跑车送到了太空。这无疑是一种商业炒作，或许还是一种轻佻的行为，但也清楚地展示了SpaceX的强大技术能力。这辆跑车进入了绕日轨道，此时此刻就像地球一样绕着太阳运动，象征着私营企业向地外空间进军的信心。

就目前而言，我们中的大多数人还只是人类探索太空的看客，但这并不意味着我们一点儿希望都没有。如果你经历过阿波罗时代，并且对人类至今还未踏足火星感到失望，请想想如今的商业太空旅行和空间运输活动已经取得了多么大的进步。我们已经完成了一些关键步骤，太空从来没有像现在这样触手可及。意识到这一点，你的失望情绪就应该可以抚平。现在，从月球上欣赏地球的场景很可能马上就不再局限于宇航员的回忆和书本上的记载了。这个美好的愿景即将实现。

谁知道现在载着我的这位司机若干年后会不会出现在火星上。届时，她有机会仰望星空，用熟悉的姿势回望地球。谁也无法保证这个愿景一定能够实现，但商业太空旅行已经从人类的梦

想变成了短期内可能实现的目标，仅仅这一点，就值得大书特
书。即便这位司机目前仍在拥挤不堪的爱丁堡大街上缓慢前行，
她也比她的前辈们更接近火星。

玛里琳·弗林创作的《攀登奥林匹斯山》。在这幅想象作品中，一支探险队历经千辛万苦终于抵达火星奥林匹斯山之巅——太阳系内的最高山峰。那么，在现实中，谁将率先完成这个壮举呢？

第 6 章

太空探索的荣耀时光是否已经过去？

搭乘出租车前往华威大学，进行一场主
题为"极端环境中的生命"的讲座。

我一直很喜欢沃里克这个地方。这里的街道很长，而且很完
整地保留了中世纪风格，显得颇为古雅。朴实无华却又坚不可摧
的城堡赋予了这座城市坚韧的一面。城堡的某些部分从征服者威
廉的时代就矗立在这儿了。

"现在，大家不会造这样的建筑了，"看到城堡出现在我们
左侧后，司机先生这样说道。他没有加"再"这个字。我凝视着
城堡的城墙和塔楼。即便是在崇尚精致奢华的维多利亚时代鼎盛
期，也甚少有建筑能匹敌沃里克城堡的简洁美观与宏伟构型。

"没错儿，"我回应道，"现在的工程进度都很快，但一切只图眼前，再也不会像这座宏伟城堡一样绵延千秋了。"说到这里，我突然想到，我们或许已经完全失去了对这类建筑物的兴趣。"你觉得，"我问道，"我们还能造出这样的建筑吗？或者说它们只是时代的产物，过去了就是过去了，我们再也没有建造这种建筑的动力了？"

"我确实觉得，我们已经失去了一些浪漫主义思想，"司机先生回应说，"其实还是有一些与这种城堡类似的建筑的，只不过风格更现代化了，但我们再也体会不到过去的荣耀了。"

"就是那种大探险时代的荣耀时光。"我应和说。

说到这里，司机先生似乎在思索着什么，甚至带些忧郁。他看上去约65岁，戴着一顶棕色花呢帽，穿着一件绿色套头衫。他不时若有所思地扫视地平线，看起来像是在寻找什么东西。他偶尔还会叹口气，仿佛对整个人生都感到疲倦和失望。我对人类昔日大探险时代的荣耀时光的评论也让他陷入沉思。每当有一些不起眼的壮举——比如坐在澡盆里跨越英吉利海峡——公布时，人们心里总会升腾起对大探险时代的向往。

"好吧，我们确实取得了很多史无前例的伟大成就，对吧？我们去南极和北极探险，攀登世界上最高的山，去了地球上很多之前想都不敢想的地方。"司机先生短暂停顿了一下，正了正帽子后继续说道。

"我知道这么说可能有些奇怪。但是，假如我们都离开地球呢？或许，我们就是得前往其他星球，才能体会到那种荣耀？"我问道。

有时候，你自己都知道把话题扯得太远了。例如，我习惯了和同行们讨论宇宙，因此总是离不开这个话题，但其他人可不习惯讨论这个话题。司机先生哈哈大笑并看向后视镜，脸上和善却又古怪的表情似乎是在大声呼喊："啊，你就是那种很疯狂的人，对吧？"司机先生这番无言的回应，让我无比确信人类的荣耀或许已经进入了休眠状态。对我们中的很多人来说，地球之外没有什么值得探索的。或许，这就是人类的思维模式吧。未来，当我们最终离开地球，在月球和火星上建立定居点，太空探索者是否会在相对舒适的环境中坐立不安，仍旧渴望更深入的探险？在太空这片人类探索的新的疆域，是否会兴起一种全新的英雄气概，复兴目前暂时休眠的人类荣耀？

登山者一个挨着一个，排成一长队，向着地球最高峰珠穆朗玛峰跃跃欲试。这样的场景或许会让你觉得，即便现在地球仍有许多带着"第一"标签的成就等待人类摘取，那些属于人类探索时代的荣耀时光也早已远去，那段历史性成就不断涌现的日子已经成为遥远的往昔。1953年，埃德蒙·希拉里和丹增·诺盖率先登上珠穆朗玛峰顶峰。他们当时怎么也不会想到，在珠穆朗玛峰仍然是大自然对人类最大挑战的今天，夏尔巴人的主要工作竟然是捡拾珠峰大本营附近的垃圾以及回收越来越多的登山者遗体。他俩很可能难以想象，人类遗留在珠穆朗玛峰上的垃圾竟然多到足以破坏当地环境的程度。

即便是在冰天雪地的极地荒原上，现在的人类探险成就也已经降格了。具体说来，如今还未被摘取的"极地探险成就"已经降格成了"第一个骑着摩托车穿越南极洲的人"。一些人声称自己在没有外界帮助的情况下横穿了这片白色大陆，但探险家们仍会争论这种成就是否有效，因为他们的部分行进路线上出现了一条平整的雪道——那是此前一项极地科学项目的成果——大大降低了他们在南极洲行进的难度。当然，危险仍旧客观存在。一场雪崩、一次冲动、一次意外的医疗事故，都可以让原本大胆无畏的你瞬间意识到自己处于致命环境中。然而无论如何，已经有许多人造访了这片地区，且留下了不少便利条件，因此，那种凭借一己之力征服大自然的荣耀感的确已经大不如前。事实就是，即便是最为偏远的地方，如今也已经有无数人造访过无数次了，也难怪很多人哀叹英雄般的探索时代已经终结。

然而，认为英雄的荣耀仅限于19—20世纪那些探险家的壮举就大错特错了。纵观历史，随着人类视野的逐渐开阔，许多波澜壮阔的探索时代已经逝去，但又有许多荣耀感毫不逊色的时代兴起。或许，对于数十万年前坐在非洲峡谷中的人类来说，第一个跨越沟壑之外收集粮食的人就是英雄，第一批探索未知之地和所谓"不祥"之地的人就是英雄。毫无疑问，那些横跨亚洲、驾船征服海洋去波利尼西亚定居的人类先辈必然也是他们那代人眼中的英雄。只不过，由于年代过于久远，也由于彼时记录手段的限制，我们无法像那个时代的人类一样向这些英雄投去无比崇敬的目光。

在所谓的英雄时代出现之前，追寻荣耀的英雄主义就已经出现。因此，我们现在并非真的走到了荣耀时代的尽头。更艰巨的挑战，更伟大的里程碑仍在召唤我们。虽然司机先生可能会因此怀疑我的精神状态出了问题，但他显然无法轻描淡写地否认这一点。

"我的意思是说，如果在其他星球（比如火星）上，还有许多伟大的'第一次'等待我们完成，就是那些类似于阿姆斯特朗踏上月球，希拉里和丹增登顶珠穆朗玛峰的成就，你是不是也想试一试？"我迫切地想知道司机先生的想法。

"嗯……这样的话，肯定愿意试一试，为什么不呢？"他回答说。不过，显然我还是没能让他相信我的这番言论是完全理智的。那天的乘车之旅时间不长，我没有时间改变司机先生的看法，让他对火星登山探险的前景着迷。不过，列位看官，既然我已经勾起了你们的兴趣，是否可以容许我向你们介绍一下，弥补遗憾呢？

若想做那些连极地探险家和登山者都没有做过的事，显然应该把目光放在地球之外。为此，我们对所谓英雄时代的定义也该有所调整了，至少应该把讨论范围从地球扩展至太阳系外沿。一旦迈出了这一步，人类探险的新领域就会进入视野，征服这些地方与过往的英雄事迹同样伟大，也同样令人敬佩。

想象有一座硕大无比的高山，站在它的山顶上，你看到的不是熟悉的蓝色天空，而是直面整个宇宙。这片无垠的空间在黑暗的包裹下，闪烁着点点星光。远方地平线上，若隐若现的行星轮廓外笼罩着一层薄薄的大气。火星上的奥林匹斯山就能让你体验这种感觉。这座巨大的盾形火山由岩浆堆积而成，海拔超过21 000米，是珠穆朗玛峰海拔的2.5倍。第一个登上奥林匹斯山最高点的人可以自豪地说自己站在了整个太阳系之巅，因为这座山的确就是整个太阳系中海拔最高的地点。这个成就恐怕连希拉里都得肃然起敬。

不过，将过去在地球上取得的荣耀简单地移植到另一个星球上，绝对是错误的做法。奥林匹斯山与珠穆朗玛峰的差别极大，征服这座火山完全是另一回事。例如，虽然也有少数成功冲顶珠峰的登山者没有使用氧气罐，但一般来说，登山者登到一定高度之后就会使用吸氧设备。相比之下，由于火星大气极为稀薄，并且几乎不含氧气，登山者从奥林匹斯山山麓到山顶的每一步、每一秒都必须穿着宇航服。唯一能短暂抛下这种负担的方法就是，找一个合适的地点，搭起加压帐篷往里面充气，并确保密封。然后，登山者爬进去，再用氧气罐往帐篷内输送氧气。只有这样，他们才能在接下去的数小时内脱下宇航服，暂时松一口气。

攀登奥林匹斯山的旅程应该从山麓处开始。然而，攀登这座火山的山麓难度相当大，它从火星地表垂直升起，直指向天，形成一道总高6 000米的环形悬崖峭壁。即便身穿宇航服、携带必要登山补给，想攀登如此高的山峰也近乎不可能，尽管火星引力只有地球的 3/8，可以减轻宇航服和补给的重量。因此，登山者可能会转而选择奥林匹斯山的东北侧作为旅程起点，因为那里的山麓相对没有那么陡峭，沿着那里的陡坡上山会更容易。

总体上说，攀登奥林匹斯山要比攀登珠穆朗玛峰难得多，但也有一些利好因素。冲顶珠峰时，登山者总是要不断垂直向上攀，但攀登奥林匹斯山，登山者只需要跨越大片崎岖的熔岩荒原，这种荒原坡度大概只有 5 度，几乎感觉不到上下起伏，就能一路到达山顶。此外，奥林匹斯山也没有冰川，没有意想不到的雪崩和冰裂。不过，虽然这些熔岩荒原坡度并不大，但长达 300 千米。登山者需要日复一日地艰苦跋涉，跨过无数碎裂的火山岩、火山洞和尖锐到足以划破宇航服的各种石块。或许，危险反而能让被火星枯燥地貌麻木的头脑变得敏锐一些。

登上奥林匹斯山顶峰的奖励也很丰厚。冲顶成功的登山者会看到一个 60 千米 × 90 千米的巨大火山口。火山口的内部曾经是一片熔岩湖，是液态岩浆喷出火山后的残留物，现在已经固化。站在火山口边缘就能一览火星美景，壮丽的景色会让登山者屏住呼吸（可以暂时停用随身携带的制氧设备了）。他们会看到宏伟的水手号峡谷。这座峡谷长达上万千米，深度也有数千米，就算把科罗拉多大峡谷置入其中，它也会消失在深渊之中。奥林匹斯山顶下方就是火星朦胧的橙红色天空，其中散布着一些昏暗的火星云团。

　　登顶成功的那一刻，这群冒险家就在更广阔的疆域内重现了英雄时代的人类荣耀。他们可能会像每一位登顶珠峰的登山者一样，收集一两块石头作为纪念品。不过，在奥林匹斯山之巅，登山者还有很多其他事情可做。山顶的巨大火山口可以告诉我们很多有关火星历史的信息，例如，这颗行星的活跃期在什么时候？这些已经沉降、坍缩的碗状地质结构是否曾经拥有适宜孕育生命的热量环境和水资源环境？如果答案是肯定的，那么活跃期口是什么时候？登顶奥林匹斯山的第一人应该会睿智地收集火山又附近的熔岩、矿物样本，收集那些曾经的水循环系统（循环范围从火山深处一直延伸到火星地表）中的残留矿物质。借助这些样本，我们将会重新认识这颗姊妹行星的古代历史，甚至可能查明为什么地球仍覆盖着大面积的海洋且生机勃勃，而火星却陷入了长时间的深度冷冻之中。

　　对第一批人类探险者来说，火星虽然是一个迥然不同的新世界，但也拥有一些类似地球的特征。例如，火星与地球一样两极地区存在极地冰冠。在火星上，两极的固态水冰会被季节性的二氧化碳"雪"覆盖。站在这些冰冠附近或者从上空飞过，你会看到它们的外形呈覆盆子般的涟漪状，冰面上还蜿蜒着数条长长的橙红相间的条纹，那是曾经在火星表面肆虐的古代尘暴留下的杰作。这些古老的尘埃为降雪所困，现在成了我们了解火星历史的宝库。这些尘埃层如同地质时间胶囊，可以告诉我们火星上的气候经历了怎样的变化，其本身也是我们了解整个太阳系近代史的一个窗口。

如果你看过火星极地冰冠的卫星图像，就很难不生出穿越火星两极的想法。当然，你也可以在火星北极着陆，然后在冰层上开一个洞，收集样本，返回地球，但这样的操作只是避重就轻。毫无疑问，火星上的研究工作与地球上的英雄探索时代有很大不同。早在人类抵达火星之前，我们就可以舒服地坐在扶手椅上，观察火星两极。或许，我们还要至少100年才能亲自访问这片荒凉的白色荒原，但在那之前，你可以浏览互联网，通过火星轨道卫星传回地球的清晰图像，看到这颗红色行星的许多细节。相较之下，100多年前率先探索南极的罗尔德·阿蒙森、罗伯特·法尔孔·斯科特上校和欧内斯特·沙克尔顿爵士并没有这样的条件，他们只能依靠自己的想象。在他们之前，从来没有人看到过南极的景象。这些探险家和当时的社会大众只能想象地球两极一定存在与世隔绝的壮丽荒原。

不过，即便我们事先知道火星之上究竟有什么在等待着我们，也并不意味着探索火星两极的人类探险家可以轻松达成目标。英勇无畏的火星极地探险队可能会从火星北极边缘靠近北极峡谷（一片位于火星北极冰区中的宽阔峡谷）的地区开始第一次没有外界帮助的穿越极地之旅。接着，他们要在火星北极冰区跋涉超过1 000千米。和攀登奥林匹斯山的同行们一样，极地探险队也必须在漫长的探险之旅中时刻身穿宇航服。此外，他们也要携带加压帐篷，这样才能在结束一整天漫长、疲惫的跋涉之旅后，脱掉头盔、卸下装备，摆脱紧贴全身的闷热宇航服，自由、舒适地睡上几小时。

在穿越极地之旅的早晨，当太阳从白色地平线上升起时，他们不会感到脚下的新雪因消融而嘎吱作响。火星两极的温度低于零下100摄氏度，即便是最松垮的雪球也如混凝土一般坚硬。要是在这里使用滑雪板或者极地雪橇之类的设备，它们的底部很快就会被磨得粉碎。因此，探险队只能穿着暖和的靴子在极地冰区行走，身后拖着一只放在轮子上的容器以收纳必要的补给和装备，要是有具备加热功能的雪橇就更好了。由于火星大气实在太过稀薄，气压极低，冰受热后不会变成泥泞的固液混合物，而是直接升华成水蒸气。于是，雪橇产生的热量就可能生成一层薄薄的气垫，探险队员就能相对轻松地在火星极区运输补给了。

这样的日子大约要持续80天，探险队所需的一切补给都必须随身携带。白天，他们必须穿着宇航服进食、饮水。食物可能也是液体形态的，比如营养又美味的肉汤，装在补给雪橇上的一个桶里，用管子与宇航服相连。探险队还必须随身携带旅程所需的全部氧气，并合理使用。否则，他们就得携带相应设备，利用火星大气制取氧气。把全程要用的水都带在身边肯定不是明智之举，因为他们周围到处都是水冰，完全可以使用加热棒切割火星极地的水冰，直接取出冰块，然后把冰块放到容器内加压、加热以获取液态水，再通过过滤、清洁等手段滤出其中的尘埃和盐分，探险队就有了可以使用的淡水补给。

火星两极的地貌非常单调，几乎没有什么变化。目力所及之处基本都是白茫茫一片，偶尔会出现一些红橙色的尘埃团和坑洼，坑洼里的冰在太阳的照耀下不规律地升华、四散。不过，凭借一些精巧的地面导航设备——可能还会有卫星的帮助——探险队员们还是会找到火星的地理两极。罗伯特·斯科特和他的队员们在探索地球南极的最后时刻为暴风雪所困，不幸罹难。火星极地没有暴风雪，探险队员只能听到火星风刮过面罩时发出的微弱啸声，其余时候都是一片寂静。当他们带着胜利的微笑步入火星荒原深处时，这就是这颗红色行星欢迎他们的全部方式。

人类在距地球数亿千米的遥远星球上抵达极点，这个事件虽然对宇宙的运转毫无影响，对人类却有永恒的重要意义。此时此刻，一曲全新的英雄史诗率先谱成。这样的探险之旅具有象征意义，这就是关键所在。等到人类有能力在火星极冠长途跋涉的时候，我们肯定也能让火箭精准地降落在火星两极。实际上，第一批人类火星探险者抵达火星极点后或许就能发现此前人类乘坐火箭到访的证据——可能是一座陈旧的气象站，或是一只小小的储油桶，储油桶的盖子上早就结冰了，侧面也覆盖上了雪。不过，不用介意，因为穿越火星极地是一个人类主导的故事，是一段人类直面挑战的奋斗史。无论诋毁者怎么说，冒险家的探险故事都会激励一代又一代年轻人，激励他们开启人类荣耀的新篇章。岁月的流逝只会让人类第一次不借助外力穿越火星极地冰冠的故事更加丰富多彩，令人心驰神往。在抵达火星极点后，这些冒险家们还要完成旅程的剩余部分，向极地另一侧再走上500千米。最终，他们或许会带着很多火星样本——比如通过钻探获取的火星内部岩石、尘土样本、水体样本等——钻入早已在预定地点等候的火箭，然后启程返回地球。借助他们带回的这些珍贵科学样本，我们就能重新认识火星的演化过程，认识它的气候条件以及孕育生命的潜力。

参照人类在地球上的探险史，穿越火星极地可能只是另一项荣耀的"开胃菜"。这项荣耀就是：环火星旅行。环球旅行是所有探险家的最高梦想。早在探索地球两极地区、攀登地球最高峰之前许久，就有许多探险家通过各种方式完成了环球航行这个伟大的壮举。1519—1522年，葡萄牙探险家斐迪南·麦哲伦和西班牙探险家胡安·塞巴斯蒂安·埃尔卡诺指挥维多利亚号横跨大西洋、太平洋以及印度洋，完成人类历史上第一次环球航行。1979年，人类完成了另一种环球旅行：英国探险家雷诺夫·费因斯及其团队以穿越地球两极的方式绕地球一周。当时，这支跨越两极的环球远征队向南一路越过南极洲，再向北穿越北极后回到英国，完成环球旅行。

在火星上，你也可以复制麦哲伦和埃尔卡诺的赤道向环球旅行。那会是一次长达21 000千米（按直线距离算是如此，但探险队肯定要迂回前进，所以旅程的实际总距离远不止这个数）的探险之旅，旅途之中什么都没有，有的只是无尽的沙漠。这场环火星之旅耗时极长，队员们每天都要一次又一次地穿越火山口、沙丘、岩石区和土丘，似乎永远没有尽头。不过，正是这种无尽的枯燥、单调以及相应的危险，才凸显了环火星之旅的价值，才让它成为人类探险史中的又一次重大胜利。这样一次鼓舞全人类的伟大壮举，也会成为无数人传唱的英雄史诗。

那么，像费因斯那样穿越地球两极的环火星之旅又如何呢？我思考这条探险路线已经很长时间了。在我的想象里，跨越两极地区的环火星之旅会从火星北极冰冠地区边缘开始，在穿越冰区和极点后，抵达极地附近的沙丘。之后，探险队继续跋涉，穿过无数火星沙漠和陨石坑，抵达火星南极冰冠地区边缘，并且开始第二次穿越火星极点之旅。在此之前，他们会稍作休整，庆祝这一颇有纪念意义的时刻。按照预先制定的探险路线，在返回出发点的后半程，他们将顺便完成登顶奥林匹斯火山的壮举。最后，等到他们凯旋的时候，至少已在火星沙漠地区跋涉19 000千米，在冰区行走1 400多千米，翻越太阳系最高的山峰至少需要跋涉700千米。如果你想获得"史无前例的成就"，这些就是了。这并不是总距离最长的环球旅行——环地球之旅的总里程数大约是环火星的两倍——但是，探险队员们需要在旅途中面对种种困难，让环火星之旅成为人类首屈一指的成就。旅途中，探险队员全程都封闭在加压宇航服或营地帐篷内，一路上看到的场景除了岩石，就是灰尘，区别只是有些岩石受到了自然侵蚀，有些岩石则是探险队员用机器破开的。此外，他们还必须面对并克服一些最为极端的温度和环境条件。如果你觉得这一切都很容易，不如自己去试试。

还有许多荣耀等待着英勇的冒险家们去摘取，比如环游月球、攀登天王星卫星米兰达的冰崖，甚至在未来某天环游表面覆盖着甲烷雪和氮雪的冥王星。

对于人类来说，过去的荣耀似乎都是难以企及的伟大壮举。人们总是忍不住谈起麦哲伦的丰功伟绩，但同时也会在如此辉煌的成就面前陷入一种无助、麻木的状态。然而，到了20世纪，的确有那么一小队探险家认为自己也能完成媲美前辈的壮举。于是，他们制定了以绕地球两极的方式完成环球旅行的目标，并完成了这个目标。对于旨在追寻往昔荣耀的人们来说，要不断重新设定目标，不断拓展人类能力的极限。麦哲伦从来没想过完成绕地球两极的环球旅行，因为在他那个时代，绝大多数人都不知道地球的两极，这种探险行动自然就无从谈起了。然而，随着新知识和新技术的涌现，那些敢于想象绕地球两极环球旅行的人就有可能完成与麦哲伦环球航行相媲美的壮举。

如今的孩子们出生在一个太空探险越来越容易的时代，毕竟我们掌握的技术和工具越发先进。这个时候，我们要做的是重新划定人类能力的边界，而不是憧憬回到斯科特、阿蒙森和希拉里的时代。我们现在已经掌握了奥林匹斯山的图像，也可以规划穿越火星极地冰冠的探险行动。我们甚至可以坐下来，好好讨论以穿越火星两极的方式完成环火星之旅的探险计划。当然，我们现在还无法把这些探险计划付诸实践，也许再过几十年就可以了。

在时间的长河中，几十年转瞬即逝。一个宏大的英雄时代正等待我们拉开帷幕，它向我们提出的挑战同地球过去（以及现在）带给我们的荣耀一样伟大，甚至更加伟大。

从现在开始的几个世纪里，我们仍会尊崇地球探险家，颂扬他们的勇气，传唱他们的故事，但我们的历史书上会逐渐增添那些征服太阳系禁地的探险故事，描写那些挑战死亡边缘的冒险家。你可能会读到，奈尔斯·布兰德鲁率先登顶奥林匹山；艾米丽·霍金斯率先穿越火星北极；吴蔚然（Wu Wieran，音译）带领探险队率先完成环火星之旅。这些人是谁? 他们的真名是什么? 未来有一天，人类会意识到，正是这些探险家把我们的文明推向了全新的高度，给我们的生活植入了令人敬畏的英雄主义思想，也正是他们完美地诠释并发扬了自人类第一次步出非洲峡谷以来就一直激励着所有人的探索精神。

火星气候干燥，景色壮美，庞大的水手峡谷在其表面横穿而过。

第 7 章

火星会是我们的第二家园吗？

从旧金山机场乘坐出租车前往加利福尼
亚山景城。

我刚从佛罗里达奥兰多搭乘飞机过去。我之前在附近的肯尼迪航天中心参加了一次发射行动，将实验设备送到了国际空间站。而现在，我身处加利福尼亚，准备检验配套地面实验的结果，这与在国际空间站里开展的实验一模一样，目的是为了比较低重力环境和地球引力环境对实验结果的影响。这个项目酝酿了整整 10 年，等到终于能看到结果的时刻，我们都很激动。

这个实验的目的是测试利用微生物"开采"金属矿物的有效性。在地球上，微生物分解岩石之类的矿物已经有数十亿年的历史了，因此它们很擅长这项工作。科学家也已经通过对照实验——让微生物从岩石中分别提取铜和金——测试了这个过程。当然，还有其他方法也能从岩石中提取出金属物质，比如使用氰化物等化学物质，但从环保角度来说，微生物方法显然要安全不少。我们这支研究团队想要知道的是，在不同的引力环境中，同样的过程是否仍旧有效。如果有效，那么在未来的某个时刻，我们就能通过微生物"开采"宇宙岩石或小行星中的稀土元素以及其他有价值的矿物。因此，我们便在无重力环境和火星引力环境（用一台不断自转的设备模拟）中分别测试了微生物分解岩石的过程。几个月后，我们的实验成功了。这也是第一个证明微生物采矿在低重力环境中同样可行的实验。

不过，我得回酒店休息了。我乘坐出租车的时候，电台里正放着一条关于某个世界性问题的新闻。起初，司机女士一直沉默不语，但在我们沿着通往山景城的101高速公路飞驰时，她不再理会广播里的新闻并开又打破了沉默。

"这个世界有很多问题，你觉得呢？"她问道。她应该30多岁，活泼开朗，说话时带着北加利福尼亚的口音，同时手臂还会上下挥动。她穿着一件亮橙色和红色相间的T恤衫，一头狂野的红褐色长发披在肩上。你一眼就会注意到她的深棕色眼睛，因为她的大眼睛总是会盯着你，像孩子渴求关注那样期待你的答案。

我表示赞同，似乎全世界都出现了一系列相互关联的问题。此外，在某些更为悲观的时期，甚至有观点认为，人类社会正处在螺旋式的下行过程中。更可怕的是，这种情况得到了人们的理解，甚至引发了共鸣。"千真万确，从石油到核武器，所有问题都因各方观点的分歧而局面紧张。不过，这个世界还是有不少美好的方面。"我怀揣着一种模糊的希望说道。

"是啊，但我们必须把这些问题解决了，对吧？否则，地球要是完了，我们还能去哪儿呢？"她提出。

我听到这种评论，就像是小孩看到了糖果。"你是说，我们没别的星球可去？"我问道。

"是啊，地球是我们最佳的聚居场所了。所有人都在讨论逃离地球去月球上生活，可我觉得我们还是得先把这里的问题解决了才行。"她继续说道。

她的这番话反映了一种针对太空探索的常见批评。持这种观点的公众之所以反对太空探索，不仅是因为他们觉得地球上还有很多更值得投入的事情可做，还因为他们认为，那些想要离开地球、前往太空的人实际上是不愿直视人类正在破坏地球这个事实。随着地球环境的恶化、全球人口的上升，一个直截了当的解决方案就是干脆离开地球，去往别的星球，寻找新的家园，即启程前往备用行星。

我经常听到这类想法，每次都会有些迷茫，因为我真的不明白这种方法是从哪儿来的。或许是一些电视节目、书籍或者媒介有意无意地向公众传达了一种信息：我们把地球搞得一团糟，所以应该去太空定居了。这种错误观点也有可能与任何个人无关，而是那些自诩为太空探险家的群体的疯狂产物。毕竟，我们现在已经满怀热情地畅想在月球、火星等星球建立定居点，顺着这个思路进行一些假设，也是再正常不过。无论这种错误观点的源头是什么，那种"我们别无他法"的抱怨都是最危险的，接下去我就会详细解释原因。

首先，我们得直面一个问题：地球现在的确有很多麻烦。虽然把特定问题归咎于特定区域的特定人群并非难事，但我在这里提到的"我们"指的是整个人类群体。全球人口现在已经超过70亿，环境问题严峻，各种形式的政治冲突频发，现状确实不容乐观。既然地球问题已经如此严重，前往其他行星定居就顺理成章地成了部分人心中的可靠备选方案，至少对人类来说，这提供了一次从头来过的机会。这点应该没有什么争议。

从表面上看，其中的逻辑似乎很合理。备用行星似乎的确是一个冷酷却不失明智的计划，而且肯定会得到那些热衷于太空移民人士的支持，甚至会成为他们的部分论据。此外，地球的地质学历史似乎也同样支持这种论断。尤其值得一提的是，肯定有不少人认为，我们之所以应该寻找备用行星，一大原因是以防当年灭绝恐龙的意外灾难再次降临。

恐龙灭绝的故事本身就很吸引人，而且我们了解得越深，产生的忧虑就越严重。6 600万年前，一颗小行星撞击地球，扬起的大量尘土笼罩了整个地球，充斥了整个大气层。地球因此陷入长时间的黑暗，进入了所谓的"核冬天"。地球生态圈因此遭受

灭顶之灾，统治地球长达1.65亿年的恐龙就此消失，大约75%的
生物灭绝——相比恐龙灭绝，人们很少提及后者。加州大学伯克
利分校地质学家沃尔特·阿尔瓦雷兹及其同事率先挖出（没错儿，
就是挖出）了这场大灾难的证据，并证明罪魁祸首正是天外来
客。当时，阿尔瓦雷兹正在研究白垩纪末期（当时已经知道这一
时期发生了生物大灭绝）的岩石层。结果，他意外地发现这些岩
石层的铱含量异常高。铱在地球上是非常少见的元素，而且大多
集中在地球内部以及"来访"的小行星上。没有任何火山喷发活
动可以向地表喷出这么多铱，因此，阿尔瓦雷兹大胆猜测，是小
行星在撞击地球时把这些物质送到了地球。换句话说，那是一场
灾难级别的天地大碰撞。

　　阿尔瓦雷兹的理论也得到了其他证据的支持。例如，有研究
人员发现了同样形成于白垩纪末期的微小球形玻璃珠，它们经历
了当时大量熔岩因撞击而喷出地表，在地球上四处流淌的场景。
研究人员还在美国发现了大量白垩纪末期形成的海啸沉积物，这
表明当时有直径达到10千米的天体高速撞击地球，由此产生了滔
天巨浪。此外，连地层边界处的小岩石块也出现了裂纹，这很可
能是直径10千米的天体撞击地球产生的巨大冲击波沿着地面向外
扩散导致的。这类天地碰撞事件释放了海量能量：数以十亿计的
核武器同时爆炸，产生的能量才能与这场灾难匹敌。这个类比没
有一点儿夸张的成分。小行星撞上地球的那一瞬间，地球表面就
永远改变了。

　　正如我在前文中提到的，这类撞击事件在时间上似乎很遥远，甚至在特点上也很有远古宇宙的味道，但地球无疑也是宇宙的一部分，因此，只要时间够长，再发生一场类似的撞击不仅有可能，而且是绝对会发生的。那么，这个时间到底是多久？去数数月球以及太阳系其他岩石星球上的陨石坑，你就知道这类天体碰撞事件有多么常见了。只不过，那种能导致生物大规模灭绝的小行星撞击事件大概每一亿年才会发生一次。虽然这个频率听上去令人宽慰不少，但它的背后还隐藏着一些惹人生厌的事实。首先，这并不意味着地球要过3 400万年才会再遭受类似的撞击。

　　每一亿年撞击一次只是平均频率，但没有人会告诉你小行星具体何时会到来。即便是人类文明明天就因为小行星撞击而毁灭，在之后的几亿年里地球一直平安无事，这个频率也仍旧准确，只是我们人类无福享受地球的安宁时光了。第二个令人不快的事实是，即便不是那种足以毁灭文明的小行星，也能带来严重危害。1908年，一颗小行星在西伯利亚通古斯地区上空爆炸，将大约2 000平方千米的森林地区夷为平地。如果这次爆炸事件发生在现代城市，就会令上千万人丧命。而这种程度的撞击事件大概每1 000年（甚至更少）会发生一次。当然，这个频率也只是平均数字，下一次通古斯大爆炸可能就发生在明天。

　　这个令人沮丧的故事其实还隐含了一丝希望：就像第4章中介绍的那样，我们可以想办法定位并改变这些天体的"航向"。一种方案是利用动能：想办法撞击小行星，改变它的运动方向。

美国国家航空航天局"双小行星重定向测试"计划就致力于此。聪慧的工程师们还构想了一些将小行星推离地球的方案。例如，我们可以用激光烧毁小行星一侧的物质，由此喷射出的蒸汽会剧烈干扰小行星的运动路径，顺利的话就能迫使小行星改变航道并快速远离地球。当然，这个方案能够成功的前提是，我们要尽早定位并追踪到目标小行星。

可是，既然我们已经有了恐龙灭绝的前车之鉴，也深刻认识到了这样的天地大碰撞事件完全可能导致地球生物大规模灭绝，而且我们已经掌握了定位、追踪，乃至可能改变小行星航向的相关技术，那为什么还要冒险玩这场俄罗斯轮盘赌呢？为什么要在厄运注定降临的前提下坐以待毙呢？亲爱的读者朋友们，这绝对是一个好问题。恐龙要是知道我们明知后果严重却无动于衷，一定会惊得目瞪口呆，其实我的想法跟恐龙一样。去问问你们那儿的航天机构，为什么它们没有更严肃认真地对待这个问题吧。

当然，从另一方面来说，即便我们花更多的时间、精力在这个问题上，也未必成功。即便是我们现在掌握的最为精湛的技术，也有可能无法探测到朝我们飞奔而来的小行星（即便能探测到，也无法保证一定能改变它的航向）。我们甚至还没有讨论彗星撞击地球的问题。由于彗星经常在遥远的太阳系边缘运动，我们很难精确地定位它们。另外，彗星的运动速度比小行星快得多，这就意味着一旦有彗星朝地球袭来，几乎不会给我们留下多少应对时间，完全有可能毫无预兆地瞬间终结人类文明。

　　这就是备用行星的意义。我们可能不愿意，也没有能力保证地球在小行星和彗星这样的天体面前固若金汤，但我们可以在另一颗行星上建立一个自给自足的独立人类分支，提升人类这个物种的生存概率。这样一来，无论我们现在所生活的这颗脆弱蓝色星球发生什么，备用行星上的人都能生存下去。当然，他们也可能会被小行星或彗星袭击。他们也要玩这场俄罗斯轮盘赌，但是整个人类文明的生存概率大大提升了。假如人类在火星上建立了分支，那么如果要摧毁整个人类文明，地球和火星就必须同时遭难，那恐怕将是一场波及整个太阳系的灾难。

　　这种所谓的"多行星物种"还能抵挡其他可能降临的灾难，比如，这种行星际保险策略可以让人类在超级火山爆发事件中延续下去。那是一种规模远胜人类历史上任意一次火山爆发的巨大灾难。超级火山爆发喷发出的物质会让整个地球大气都充斥着有毒气体，让生活在海陆空上的所有地球生命都窒息而死。而且，这种想法绝不是杞人忧天。恐龙吸引了我们的全部注意力，但其实发生在二叠纪末期的生物大灭绝事件更为惨烈：据估计，2.5亿年前，地球生命的98%都在那次劫难中灭绝了。目前最有力的证据表明，二叠纪大灭绝事件的罪魁祸首是洲际级火山喷发，即便这不是根本原因，也至少是一项重要因素。

　　而且，地球内部的燃烧似乎并没有停止。黄石国家公园由大量冒泡儿的热温泉和间歇泉构成，里面到处都是黄色、棕色、粉色、橙色的微生物和矿物质。这其实就是地表下岩浆羽流喷发到地表上的结果。

黄石公园地下不安分的液态岩石库在大约200万年前喷发过一次，在大约120万年前又喷发过一次，在64万年前还喷发过一次。其中，约200万年前的那次大喷发实在太过猛烈，给地面上留下了一个直径达到80千米的大坑。如果这样的"怪兽"现在醒来，会发生什么？它会喷发出大量火山气体和粒子，导致地球冷却。很难预测这样的猛烈喷发究竟会造成哪些后果，但破坏力应该不亚于了结恐龙时代的"核冬天"。按照最乐观的估计，这样的超级火山喷发也至少会让全球经济崩溃，这一点毋庸置疑。

现在，我必须补充说明一点：即便不采用备用行星的保险策略，"核冬天"或二叠纪生物大灭绝也未必真的可以让人类灭绝。我们无疑要比恐龙聪明——虽然我们不常感受到这点——所以完全可能开发出一种预防灭绝的机制。在这样的灾难面前，恐龙有一项巨大劣势：它们不够聪明。6 600万年前，那些活过最初的天地大撞击，活过后续冲击波、大火、洪水等次生灾害的生物完全靠的是运气。事实证明，对所有非鸟类恐龙和其他许多动物来说，它们的运气用完了。那些克服了难关的动物——可以挖洞，可以吃植物根系，并且能在有害大气中生活下去的顽强小型哺乳动物——活了下来，并且最终有一个分支演化成了人类。除了它们以外，鳄鱼和鸟类恐龙（对你我来说，它们就是现在的鸟类）也活到了迎接新时代曙光的时候。（我经常会对朋友说起这个很多人并没有意识到的事实：恐龙并没有在白垩纪末期彻底灭绝，它们只是大部分灭绝了。幸存下来的一直安然生活到今时今日，也就是如今地球上的 18 000 种鸟类。我一直认为，如果要给平淡如水的生活加点儿料，那么就应该让超市里的鸡肉三明治改名为"恐龙三明治"。不过，那是另一件事了。）

　　和这些类蜥蜴不同，我们可以借助自身的聪明才智在巨大的灾难中生存下去。如果火山喷发物或者天地撞击扬起的灰尘毒害了地球大气，那么我们肯定会有大麻烦，但人类并非没有在极端环境中生存的先例。举个例子，加拿大极北地区的因纽特人在北极寒冬的恶劣环境下已经生活了数千年。我们或许可以在自加热大棚中种植蔬菜，在洞穴中蓄养足够多的动物，保证让一小部分人活下去。真到了那个时候，仅存的人类一定过得很悲苦、很原始，但人类的火种得到了延续。或许，大幅缩减之后的人类社会规模仍旧大过月球或火星上的人类"前哨站"。或许，真正的备用行星就是地球自身，只不过是浩劫之后一片狼藉、孤立无援的地球。那一小部分保存着文明火种的人类会缓慢但勇敢地重新开始生活。他们会重建社会，或许还会在地球表面艰苦跋涉、四处移民，重现人类祖先前往太平洋地区、亚洲以及欧洲的洲际大移民壮举。这些幸存者以及他们的后代或许还会团结在一起，形成全新的人类社会网络，进而构筑人类的第二段繁荣时期，建立后撞击时代文明。

　　不过，把希望完全寄托在这种劫后余生的方案上，无疑也有巨大风险。虽然我们现在可以用计算机模拟天地碰撞或超级火山喷发后的情况，但仍旧很难预测人类社会能否在这样的灾难中延续下去，因为这种级别的巨大灾难造成的社会重建和物质崩溃很有可能会让人类陷入混乱，并引发无法预测的后果。或许，人类会游走在灭绝的边缘，这里发生的一场小骚乱或是那里发生的一场意外事件，就能决定人类的生死。技术的确是一件有力的武器，但到最后，决定地球文明命运的或许仍是运气，与恐龙帝国面对的情况并无二致。

因此，我们还是得回到备用行星的保险策略上来。这样的方案效果究竟会怎么样？首先，我们在其他星球建立的独立定居容量一定不高，估计也就几十人，最多几百人。即便你挣脱思维束缚，大胆地想象在火星上建立了包含数百万人的"城市"，那么，这颗备用星球上的总人口相对于地球的70亿来说，也仍旧微不足道。我们必须正视这个现实：即便火星上生活着100万人，地球上70亿同胞殒命的那天也必然是一个令人无比悲伤、失望的时刻。

不过，现在我们还是先考虑一下我们的技术能力是否达到了足以在其他星球上建立人类文明分支的程度。实际上，虽然我们现在没有这样的能力，但如果真的愿意在这个方向上下大力气，在未来10年内掌握这样的技术并非难事。在太阳系其他地方建立一个坚实可靠的人类定居点，这样我们就能在技术层面上抵挡住发生在地球上的行星级灾难。关键是，这样的愿景已经触手可及了。那么，我们为什么不赶紧抓住这个机会，成为地球历史上第一个多行星物种呢？在我看来，这绝对是一个值得为之努力的目标。

不过，我们在追寻这个目标的同时也一定要时刻保持清醒，以免落入司机女士的误区：错误地把保险策略当成逃跑方案。这两者是迥然不同的。保险策略只有在不可避免的天灾来临时才会真正发挥作用，而逃跑方案则是一种无奈，是我们自己造成后果无可挽回的人祸后迫不得已的选择。

我们可以这么想：没人会想要真正使用保险，这不仅是因为当投保人前去索赔的时候，律师和理赔人总是会变得非常吝啬，更重要的是，没有人希望承受投保内容带来的痛苦。我们的备用行星保险策略也同样如此。无论移民其他星球有多么令人激动，理智的人都不会认为它们会比我们的地球更好。太阳系其他天体的环境都远没有地球这么适宜人类居住。需要我把月球的缺点一个一个列出来吗？高辐射强度，没有液态水，一望无际的灰色贫瘠地貌，没有生命，没有任何声响，温度最低至水的冰点，最高达水的沸点。有人觉得环境相对温和的火星会是我们想要的答案，我来告诉你吧。这颗太阳系内环境条件最接近地球的行星平均温度为零下60摄氏度，那里的大气会让你窒息，土壤有毒，辐射水平极高，单调无比的火山地貌上到处都是尘土，地表上是望不到头的红色、橙色、棕色，而且还没有任何肉眼可见的生命迹象缓解你的乏味情绪。

总结起来就是一点：对人类来说，即便地球环境再糟，也要比月球和火星强得多。说得更直白一些，把月球或火星看作第二家园，充当我们"不慎"毁灭地球之后的逃逸地点，这种判断错得离谱儿、错得可怕。

　　只要地球还有能力支撑人类的生活，多行星物种的构想就只能是一种在万不得已时保留人类文明火种的保险方案。我们应当在太阳系其他星球建立人类社会分支，但根本宗旨应该是充分利用宇宙空间，获取资源、能源等太空宝藏，并把它们带回地球。顺便在这个过程中增强人类抵御灾难的能力，避免重蹈恐龙的覆辙。不过，有一点我们永远都不应该怀疑：在可预见的未来，只要没有遭受巨大灾难，地球一定是最适宜人类生活的家园。

　　把备用行星看作"雪鸟族"①的第二故乡，看作密歇根人在一月举办烧烤的佛罗里达海滨公寓，这种想法隐藏着可怕的问题。在这种观点的影响下，人们便有可能不再重视地球，对地球环境采取听之任之的态度：既然火星还等着我们开发，地球就随它去吧。我觉得那些太空项目的拥趸并不同意这种观点。即便是那些希望把人类建设成多行星物种的人，通常也只是把这种愿景看作备用方案。不过，这位司机女士的评论表明，的确有许多人不明白行星保险策略的真正意义。当然，她这么想，我也不会责备她。毕竟在公众看来，人类探索太空，当然应该是希望离开地球建立第二家园，而不仅仅是寻找一种保险策略。这也完全可以理解。

---

① 雪鸟族是指那些在北方寒冷地区生活，但每到冬季都前往南方温暖地区过冬的人，后文中1月去佛罗里达海滨烧烤的密歇根人即属此类。——译者注

如果你的看法和这位司机女士一样，那么请你记住，即便你不想某些保险生效，也很可能会购买这类保险，比如给房屋、爱车乃至精巧的乐器购买相关保险，但你绝不会因为这样的保险可以大幅减少财产损失，就主动破坏它们。同样道理，关爱地球与为人类这个物种寻找某种保险策略之间也没有任何矛盾。与坚决反对这种观点同样重要的是，我们要清楚地将它同在其他行星上建立人类社会分支以抵御不可预见的地球灾难这种保险方案区分开来。无论我们如何努力处理污染问题，无论我们如何提升全社会对气候变化和海平面上升的重视，无论我们如何倡导各国之间的和平相处，也无论我们如何小心翼翼地保护地球以免它遭受天外来客的打击（这实在是宇宙中再正常不过的事件了），地球系统的微妙平衡仍有可能被瞬间打破，人类仍有可能因为自己控制不了的因素而消亡。这就是备用行星这种保险策略存在的意义。

其实，在最可怕的灾难面前，多行星物种保险策略也未必能奏效。即便按照最为乐观的设想，我们也不知道人类能否在类似二叠纪末期生物大灭绝这样的事件中存活下来，毕竟地球在经历这样的劫难之后，需要漫长的时间才能重启文明。火星上的人类分支能否独自支撑到那个时候？谁也不敢保证。然而，既然我们有成为多行星物种的能力，为什么不去试一试呢？从这个角度来看，我认为移民太空的构想仍有可取之处。

因此，火星确实可以充当我们的备用行星。但备用行星可不是供你度假用的海滨公寓。备用行星是一种防范措施，它能在人类未来出现最糟糕结局（人类灭绝）时，为我们的文明保留火种。备用行星可不是什么晒着日光浴、吃着冰激凌的享受之地。它的存在是为了在地球遭遇灭顶之灾后，重启这个曾经灿烂的世界。另外，除非我们在改造备用行星的同时悉心照料地球这个伊甸园，否则这个保险策略就毫无意义，因为放眼整个太阳系，真的没有其他地方拥有地球这样得天独厚的条件。

这张摄于 1899 年的所谓"幽灵"照片其实是用双重曝光拍摄的。不过,即使不借助巧妙的摄影手段,我们也能找到幽灵,我在量子物理学上学到了这一课。

第8章

幽灵存在吗？

在中国参加完科学会议之后，从爱丁堡
机场乘坐出租车回家。

一般来说，由天气这个话题开启的闲谈不会触发有关宇宙本
质和人类存在意义的讨论。我刚从北京飞回来，旅途很漫长、很
疲惫，还要倒时差，我同司机先生的对话就在这样的背景下开始
了。或许是我疲惫的大脑需要思考问题才能保持兴奋，于是，当
司机先生的话勾起了在我脑海中沉寂许久的话题时，大脑就开始
工作了。这个话题就是，这个世界究竟是由什么构成的。

我们驶出爱丁堡机场，朝着市区方向前进，司机先生开启了
话题。他大概50多岁，穿着一件高毛领的棕色厚夹克，戴着一副

圆框眼镜，头发很少，开车的动作很娴熟，说话的语气温和中带着些专横，有点儿像知识渊博的中学校长。

"这天气真是奇怪，而且最近总是这种天气。"他说道。我对这个问题没什么看法，因为在过去的两周里，我一直在北京开讲座，谈有关生物学和太空探索方面的内容。这一次，我受同行的邀请去往北京大学。在各种科学研讨会期间，我还在北京天文馆给中国年青一代有抱负、有热情的太空探索者们讲了讲这方面的内容。爱丁堡12月的天气寒冷刺骨，但也让人保持头脑清醒。我问司机先生我不在的这段日子里天气到底如何。

"天气总是很多变。"他解释说，"永远没办法知道接下去会怎么样。看到那些云了吗？看上去灰蒙蒙的，像是快下雪了一样。可没过多久，云就散了，阳光照下来，温暖和煦。然而，昨天其实一直在下雨。电视上确实会播报天气预报，但从来不准。要是你像我这样整天开着车到处转，就会知道根本无法预测后面的天气会怎样。事情总和看上去的不一样。"

事情总和看上去的不一样。这是一个相对温和且没有争议的说法。但在这个论断的背后，隐藏着数千年来一直无法调和的矛盾思想。我们看到的就是真实的吗？我们通过嵌在大脑中的两个小球向外看，无数信息涌入，接着由大脑加工处理，就形成了我们看到的画面，但这真的是事物真实的情况吗？有没有可能，整座现实大厦都只是巨大的幻象？古代哲学家很喜欢探索这个问题。近些年，科学家、编剧和各类想象力丰富的人士都开始好奇,我们会不会生活在某个由地外智慧生命编写的计算机模拟程序中?

从某些方面来说,科学家已经揭晓的那部分宇宙真相的确要比"我们是外星电脑游戏主角"这种想法还要奇怪。举个例子,如果我告诉你,我不但相信这个世界上有幽灵,而且我知道它们确实存在,你会怎么想? 我几乎可以肯定,你一定很感兴趣。当然,如果你也是一位科学家,或许你会为我的草率感到震惊。然而,幽灵就是存在。不过,我指的不是逝者闹鬼或是其他超自然实体。我指的是一切事物都是幽灵,包括你在内。要想理解这个特殊论断,我们首先得知道人类是怎么认识周遭世界的。

柏拉图提出过一个著名的洞穴寓言。洞穴里的人只能看到眼前的世界,具体说来就是眼前洞穴壁上的各种影子——有人或者东西经过他们身后的洞穴出口时投在洞穴壁上的影子。这个寓言就是现实复杂性的缩影。不过,科学方法与科学工具让我们脱离了洞穴。只要拥有探索的自由,柏拉图的洞穴寓言可以使人们知晓物理现实是如何构建的。当然,我们对这类知识的掌握总是有限的,但我们肯定不像柏拉图怀疑的那样为无知所束缚。实际上,我们已经发现的那部分现实远比柏拉图能想象到的奇怪得多。如果有人坐时光机回到古希腊,把这一切告诉柏拉图,那么这位伟大的哲学家肯定会因为他的这个寓言如此准确地体现了我们对现实的认知而目瞪口呆。不过,我更能肯定,他一定会对下面这一点更加瞠目结舌:事实证明,宇宙的深层结构竟也如此怪异。

在古人看来，世界安全可靠，令人安心。对你来说，也可能如此。当你拿起这本书的时候，完全可以预见到自己的手指会牢牢地抓住它。你把书从书架或者桌子上拿起来，心里很明白它会跟着手的移动而移动，直到出现在眼前。接着，你翻开了书——因为你的视线无法穿透封面——目光停留在书页中的黑字上，而这些书页本身也形成了一个相当标准的长方体物件。

古人的日常生活体验与我们完全相同。他们还从中总结出了一条重要结论：世界由无数微小的物质团构成。古人猜测，书、马、桌椅，一切事物都由微小物质团结合在一起。可以肯定的是，古希腊人以及所有人类祖先都认为生命之所以有别于非生命，是因为存在某种关键性差异让人类以及其他所有生命得以轻松地脱离桌椅、书簿的范畴。不过，无论这种区别是什么，你、我以及沙发这样的人和物都同样稳固，因为我们都是由同一种物质构成的。

那么，这种物质到底是什么？哲学家德谟克利特提出了彼时最有影响力的描述。他认为，宇宙中的一切都由不可分割的粒子构成。德谟克利特的这个理论相当有吸引力，所以直到数千年之后它仍旧是人们的主流观点。到了18世纪与19世纪之交，化学家约翰·道尔顿——他的大部分工作都是在英格兰曼彻斯特完成的——还提出了一种物理实体由微小固态球体构成的模型。道尔顿称这些球体为原子（atom），这个词源于古希腊语atomos，意为"不可分割"。按照道尔顿的模型，每种元素都由相应类型的原子构成；至于像食盐这样的化合物，则由不同类型的原子黏合而成。虽然道尔顿的理论添加了许多现代化学方面的内容，但其核心还是德谟克利特的思想。他们都认为，宇宙中的万事万物分解到最后就是一些不可再分的粒子。

100年后，随着电子的发现，原子的科学模型发生了翻天覆地的变化，但人类对原子坚实牢固的日常体验一如既往。1897年，又一位英格兰科学家J. J. 汤姆孙开始用阴极射线管做实验，这个发明最后在电视屏幕和电脑屏幕诞生后的最初几十年中大展身手。汤姆孙给一根带负电的电极通上电流，然后研究磁场和带电板会如何改变电极释放的粒子，结果发现，由此产生的粒子要比完整的原子小很多，因而肯定是原子的碎片或原子的一部分。更能说明问题的是，改变电极的材质不会对它们发射的粒子产生任何影响，这表明电子发射的粒子具有某些普遍的性质。就这样，汤姆孙在偶然间发现了所有元素都有亚原子粒子，并且证明原子并非不可再分，元素也并非由相应的专属原子构成。不仅如此，电子能从原子中跑出来还表明原子并非固若金汤，其内部组成一定存在某种不稳固的结构。

这个直觉是准确的，但并没有改变我们对原子坚固性的日常体验。于是，人们就想象电子这种容易游离出去的小碎片原本是牢牢嵌在一堆正电荷之上的，它们被束缚在原子中。就这样，原子从一个简简单单的坚固球体变成了一种"葡萄干布丁"——从不可分割的均一物体变成了一种质地松软的甜点。按照这个模型，原子就是一大块带正电的布丁蛋糕上面嵌着许多带负电的葡萄干，从整体来看，净电荷为零。不过，按照这个模型，这里的"整体"只是一种理论上的说法。即便原子并非不可再分，其内部成分还是牢牢结合在一起，实践上很难拆开。

实际上，相反的情况是人们很难想象的：原子怎么可能随随便便就被拆解呢？毕竟，我们看到的一切都那么坚实牢固，包括我们自身在内。把你的手举在面前，你会发现有两个非常明显的特征。第一，让别的东西穿过你的手并不容易。当然，如果你非常努力地尝试，还是能做到的，但后果可能是你要进医院。因此，我们人体肯定是货真价实的坚固物质。第二，我们不可能透过手看到后面的东西。即便你在手的另一侧打开强光手电筒，也只能通过少许有些透明的肉看到另一侧的光，但你看到的光要比手电筒原本发出的光模糊、昏暗得多，这更加说明我们人体是由加固材质构成的。

这样的信念坚不可摧地维系了数千年，直到汤姆孙的发现才出现了一点儿松动，但还需要又一代人的努力才能彻底将其击碎。这场变革的一位关键推动者是汤姆孙的学生、物理学家欧内斯特·卢瑟福，他通过一块金子发现了原子的奥秘。卢瑟福把一片金属薄片（金箔）放在真空管中，然后用α粒子轰击它——α粒子是之前发现的一种辐射。和他一起做这个实验的还有发明可测量α粒子数目装置的汉斯·盖革，以及盖革的学生欧内斯特·马斯登。

实验中，这些α粒子（实际上就是氦原子核，包含两个质子和两个中子，没有电子，因而带正电）涌向了金箔。与此同时，盖革和马斯登用他们设计的装置给穿透金箔的α粒子计数。结果他们发现了一个极为重要的现象：大部分α粒子径直穿过了金箔，但有一小部分的情况都是相反的，它们以大角度散射了出去，有些甚至直接反弹回来。唯一的解释就是，金箔中有什么东西把α粒子反弹回来，而且这种物质一定带正电，因为同种电荷才会相互排斥。可是，为什么只有一小部分α粒子（带正电的氦原子核）散射或者反弹了出去，绝大部分都直接穿过了金箔呢？α粒子又是怎么做到穿透固体金箔的呢？

最好的解释是，金并非完全密不透风。金原子中含有某种带正电的成分，即原子核，但相比整个原子的大小来说，原子核实在太小，所以只有很小一部分α粒子能和金原子核相互作用。卢瑟福在计算后发现，金原子核大概只占整个原子大小的1/10。换句话说，α粒子在穿过金原子时，整个原子空间的99%以上都是空的。因此，原子根本不是什么"葡萄干布丁"，它不是一块带正电的介质上点缀着带负电的电子，而是一个带正电的小核，周围几乎空无一物，只有一些电子到处乱飞。

卢瑟福在1911年发表了他的新原子模型，这个发现具有革命性的意义，但他还是保留了一些早先的观念。尤其是，卢瑟福根本没有质疑原子核和电子自身是否坚固。与此同时，远在丹麦的尼尔斯·玻尔也加深了我们对电子的认识，而且他的发现似乎也巩固了人们对原子、电子稳定性的传统看法。玻尔发现，电子只能携带特定量的离散能量。举个例子，电子要么只能携带1份能量，要么携带10份能量，中间的任何数字都不行。这就像是你要么全力冲刺，要么干脆慢慢散步，任何介于这两者之间的速度都不行。这个结论似乎难以理解，但它的影响很大，开辟了一种全新的原子观。玻尔的发现还表明，在卢瑟福原子模型中，原子核周围的电子位置并非随机：电子与原子核之间的距离由各个电子的能级决定。

这种原子模型的模拟图像很像各大行星围绕着太阳运动的样子，物理学在最大尺度和最小尺度上形成了美妙的共鸣。人类非常喜爱这样的呼应，它让我们的知识变得结构对称而优雅，而且原子模型这个例子还意味着自然世界的设计具有统一性，从宇观尺度到微观尺度均遵守某种统一的逻辑。于是，我们可以用认识寻常事物的方式去理解看不见、摸不着的原子。

然而，后来科学家逐渐发现，大自然根本不关心我们对对称结构的喜爱。电子只能拥有离散能级，玻尔的这个判断是对的，但后来的其他实验证明，电子这种微小粒子根本没有玻尔想象的那种明确轨道——原子并非太阳系的缩影。实际上，电子不仅没有严格的轨道，它们连自身都不是刚性的。

这个发现石破天惊，"始作俑者"是法国物理学家路易·德布罗意，他证明了电子的"人格"分裂：电子有时像小球这类固态物质，这也和人类之前的传统世界观契合，有时就像池塘水面荡漾的波,这是人类此前从未想过的。电子的波动性向传统物质观提出了巨大挑战,因为我们从没想过,振动的波和一个一个离散的粒子会是同一种东西。

虽然如此,但我们还是可以说服自己相信,电子只是有时候表现得像粒子,有时候表现得像波而已。毕竟,水也只是在温度高到一定程度后才是液体,温度没有达到标准时水也是固体。然而,更奇怪的事还在后面。科学家很快就发现,电子可不是有时是粒子,有时是波。实际上,电子同时具有两种性质,既是波又是粒子,你可以根据实验的需要优先考虑其中一种性质。

这就是原子的量子理论,揭开其神秘面纱的是德国物理学家维尔纳·海森伯和埃尔温·薛定谔。量子理论的一个推论就是,我们无法确定电子在给定时刻究竟处于哪个位置,这对那些信奉传统观点的学者无疑是一个巨大打击。如果你在实验室里不停戳电子,那它看着就像在实验仪器里停住了一样,会固定在某个位置,就如同日常生活中的桌椅。然而,这其实只是实验的制造产物。实际上,电子弥漫在原子核周围的全部空间中,我们只能知道电子在某个时刻出现在这里或那里的概率是多少。这就像是你问我在哪里,我回答说我有50%的可能在爱丁堡机场,有50%的可能在办公室。在我们日常生活的物质尺度里,你可能会担心我的精神健康。然而,在量子世界中,这再正常不过了。电子并不是在明确的轨道上运动,而是像幽灵一般弥漫在原子核周围的概率场中。如果你刻意去寻找它们,你可以在固定位置找到电子,否则它们就永远不会在某个特定位置上——它们弥漫在空间中，可能出现在各个位置上，但概率不尽相同。

电子波粒二象性背后的内涵很容易被忽略——实际上，几乎没有人重视过。不过，你只要仔细想想，就会明白量子理论要求我们彻底改变对物质的认识。想想下面这个例子：当你看到某个人走出公交站候车亭或者杂货店时，就应该意识到他完全是由原子构成的，而原子占据的空间又几乎完全由幽灵般的电子概率场构成。当然，你可千万别像那些伪科学家一样，混淆了在日常生活尺度上发生的事和只有在量子尺度上才会出现的怪异现象。咖啡厅里和你一起闲聊的朋友确实就坐在你面前，没有"扩散"到其他地方。只不过，对于构成你朋友的每一个原子，核周围的电子的确无法精确定位。从微观物质的构造上来说，你的朋友主体上就是一大团电子概率场。换句话说，他占据的空间大部分都是幻影。从这个角度上说，他的确就是幽灵，你也一样。

为什么这完全与我们的日常体验相左？让我们回到之前提过的人体两大特征。第一，你很难让别的东西穿过你的手。虽然构成你的主体就是一大团概率云，但当原子之间的距离非常近的时候，会产生极为强大的排斥力。每个原子的电子都带负电，它们会互相排斥；每个原子的核都带正电，它们也会互相排斥。而且这种排斥作用非常强，所以宏观物质无法互相穿透，这就让它们拥有了貌似坚固的外表。即便我们为了让别的东西穿透手掌，付出去医院的代价，也没有真正征服这种"坚固性"，无非只是把单个固体一分为二了。

　　我们知晓的另一大特征更是加深了这种"事物占据固定空间"的错觉,那就是:固体以及许多液体具有显而易见的不透明性。当把你的手放在灯光下观察时,会有数以万亿计的微小粒子(也就是光子)涌向你的手。它们从灯出发,撞到组成手的原子后散射出去,最终(实际上这个过程发生得非常快)进入你的眼球,进而被你的视觉细胞接收。于是,你看到了自己的手。这本身就是一个量子兔子洞,因为光子并不像斯诺克桌上的台球一样只是被原子弹飞。相反,光子其实是被原子中的电子吸收然后又扔了出来。至于在微观尺度上光究竟是怎么被散射出去的,那是量子物理学家应该考虑的事。站在我们的角度上说,重要的是原子的这种吃下光子又吐出来的"习惯",让物质拥有了所谓"坚固"的外表。

　　正是物质幽灵之间的这种排斥力以及它们与光之间的相互作用迷惑了我们,让我们误以为物质必然具有某种连续性。这种幻觉实在太强,以致我们不可能以其他方式体验世界。饶是如此,你还是可以劝说自己从不同角度思考问题。再想想和你同坐咖啡厅的朋友,他这副皮囊背后究竟是什么。撩开光子和原子间斥力构成的面纱,把他看作由数万亿看不见的微小原子核及其周围虚无缥缈的电子概率场构成的幽灵幻影。我保证,一旦你完全释放想象,多想几次,就不会再以原来的视角看待世界了。即便是苹果,看上去也不再是以前那个样子了。

爱德华·珀塞尔因发现核磁共振现象而获得1952年诺贝尔物理学奖。这个发现如今应用广泛，例如，我们利用核磁共振探索细菌的分子结构以及人体的内部构造（出于医学诊断目的）。相比我的苍白陈述，珀塞尔在得奖时发表的演讲更能勾起你对全新世界观的兴趣。"哪怕到了今天，我仍有一种惊奇和喜悦的感觉。这种奇妙的运动应该存在于我们周围的一切寻常事物之上，但它只会向寻找的人露出真容。"珀塞尔在诺贝尔奖颁奖大会上对台下的听众说，当然，他这里说的运动指的是核磁共振现象。"我还记得，7年前的冬天，我们正在做第一批相关实验，看雪的感觉都不一样了。屋外的门阶四周都是雪——那是在地球磁场中安静前行的海量质子啊。能够在某些瞬间以奇怪但多彩的视角看待世界，是许多科学发现对个人的回馈。"

当然，能以这样的新视角看待世界，并不意味着就能做出重大发现。饶是如此，能率先以完全不同的方式看待周围的一切，仍旧是一件令人惊奇的事情。而且我们都可以在某个寒冷的冬天早晨看着屋外的雪堆，把它们想象成无数自旋的微小原子尺度粒子。珀塞尔的演讲吸引我们这么做，但他并不是唯一一个发现这种视角的人。这种全新视角是科学研究的成果。正是站在无数科学巨匠的肩膀上，我们才能爬出柏拉图的洞穴，看到事物真正的样子。虽然科学发现时不时地就会粉碎我们原有的世界观，但也并不总是如此。至少，它能解释我们在日常生活中遇到的各种现象。在"恍然大悟"的时刻，我们意识到自己绝不是一直生活在谎言之中,而是那些看似简单的现象实则是一场奇观,是背后的复杂现实经过高度提炼后的戏剧化展示。我们每天都生活在这个现实剧场里。

这就是为什么我认为柏拉图的洞穴寓言直到2 500年后的今天仍旧十分重要。在柏拉图看来,洞穴壁上的影子并非欺骗,更非幻象,而是真实存在的现象,并且影子背后潜藏着一系列物理现实:外面的人经过洞口,同时改变了光线的分布,部分光子被他们挡住无法再运动到洞穴壁上,但没被挡住的光子一切如常,于是就形成了洞穴壁上的影子。因此,我们感知到的影子实际上是那些不可感知之物(光子)的效应。我们虽然无法直接看到它们,但它们无疑是这个世界的组成部分。从某些角度上说,我们已经走出了柏拉图的洞穴,看到了洞外来来往往的人们,但我们现在还知道,这些人本身也不过是光学幻象,是另一种形式的影子:光子的反射、原子的斥力,都让我们的大脑产生了不一样的图像。不过,借助科学工具和科学方法,我们已经能够剖析这种新形式的扭曲,看到事物幽灵般的本质。另外,我们也不应该自满,而是继续深思这种物质观的背后到底还隐藏着哪些宇宙真相。

你还可以从另一个视角思考问题。有人会认为,这又是一种怪异的想法,但如果你有时间,我还是希望你试试。你之前很可能就想到过,智慧生命现身地球是一件多么不可思议的事。我们仔细审视了地球自身的环境,思考了宇宙的起源,然后发问:宇宙其他地方存在智慧生物吗？如果你花上一段时间思考这个问题，就会陶醉其中，欲罢不能。好了，现在再结合我在前文中鼓励你采纳的视角。

试想，你看到的所有物质不过是一团99%以上的空间都空无一物的物质云——弥漫在这颗行星上的电子概率场。而地球这颗行星本身也不过是无数质子和中子的集合，徜徉在更加浩瀚的宇宙级电子概率云中。这些幽灵般的电子云相互交流、一起发问：在这近乎真空的宇宙空间中，会不会还有其他电子概率场也像我们这样相互作用、相互发问？这些幽灵般的电子云会利用其他概率云之间相互交换的能量计算、可视化并且预测所在宇宙的性质。从微观角度上看，所谓的生物根本不是生物，不过是概率场而已，但它们却可以知晓一切，这样的现实是无比神奇的。对了，我们这些概率云还以粒子加速器（让各种亚原子粒子在其中相互碰撞，以便进行研究）和巨大射电望远镜（收集来自宇宙深处的光子）的形式集结了其他电子概率场。生命世界乃至整个宇宙，都只是各种粒子及其概率场的相互作用。

当我第一次有意识地直面现实虚无缥缈的本质之时——用一种非常具体、切实的方法看待物质现实，它可以在我执行日常工作时浮现在我的脑海之中———一种奇妙的永恒之感深深震撼了我。而且，这种感受从未消失。我仍旧享受在街上散步的时候把同行的行人想象成他们真正的样子：一群忙着各自事情的幽灵，和我一样都是一团又一团的概率云，看似占据了固定空间的躯体其实大部分空无一物。另外，当我看见某团漂亮的电子云或是在一个迷人的微笑中发现量子概率函数时，我也不会再为之疯狂了。看到一堆概率函数生气的样子，实在是相当好笑，所以时不时地去逗弄一下他们，是不是也很有意思? 不过，我还是会尽力克制这种冲动，因为看到各个概率集合彬彬有礼的样子，也同样令我陶醉。一想到由亚原子构成的各个实体之间可以如此友善，也同样开心。总的来说，我认为，应当允许人类个体这个由空旷空间和概率函数组成的集合去感受其他人的想法，否则现实或许有些难熬。

寻找地外生命的兴奋很容易夺走我们的注意力，当然，与地球之外的任何生命实体接触也的确拥有重大的科学意义。不过，我们永远不应该小瞧自己。物理学在揭示物质世界的幽灵本质之时也告诉我们，人类本身就比科幻小说作家幻想的最为怪异的外星人还要怪异。通过"内观"，我们也同样可以知晓生命的意义和宇宙的奥秘，会发现原来我们自己体内就藏着外星人。

外星人现身的动机是什么？我们到现在还没有遇到过具有相当智慧的外星人，这或许是因为他们更希望在远处默默观赏，而非干扰我们的生活——就像游客游览野生动物园一样。

第 9 章

是否有外星人在暗处观察我们？

从斯温顿火车站打车去位于北极星大厦
的英国航天局。

我不是很了解斯温顿，这个地方是英国工程和物理科学研究
委员会的所在地，但我真的不熟悉这里。所以，在我坐上出租车
后座，司机载着我在环岛中、大桥下疾驰的时候，我觉得有必要
问问司机女士的意见。

"啊，这就是斯温顿。你觉得这地方怎么样？"我问道。

她咯咯笑了一下，并且在座椅上挪了挪身子。

"我喜欢这里，"她回答说。说到这儿，似乎是为了表达对这
里的自豪，她正了正身子，理了理黑色的头发。她穿的绿色皮夹

克虽然有些皱了，但总体衣着得体，行为举止有些像20世纪80年代的人。我猜那时正值她的青少年时代，并且她当时就在一个与斯温顿很像的地方生活。

我没有理由反驳。这天天气不好，灰蒙蒙的，没有太阳，但斯温顿这个地方看起来很舒适、惬意。有几个人在酒吧外面转来转去，还有一小撮人聚在一家大型食品超市外面。一个10多岁的小姑娘站在野营帐篷门口大口大口地吃着香肠，朋友在给她梳理头发。

而我正前往英国航天局，准备主持一个审议各项计划的委员会。此刻，我的心思全在那些等待审查的文件上，数量可真不少。作为科学圈里的一分子，这是我（以及其他所有科学家）应该完成的任务，因为别人也会花时间负责任地评审你的计划。只有通过了严谨的评审，你的计划才会得到充分支持。不过，评审这项任务本身很难让人提起兴趣，所以我的情绪也很难说有多高涨。

"今天有什么特别的事要做啊？"司机女士的问话把我从恍惚中拉了过来。

"评审英国航天局的拨款计划，"我回应说，"我可不觉得这是啥特别的事，这就是必须完成的任务。而且，说真的，还不如看看这个机构的成员们都在干些什么有意思的事，比如寻找火星生命、制造研究火星大气的仪器。这才是审查太空探索项目的评议小组应该做的事。"

"我倒是觉得挺特别，你可别身在福中不知福啊，"她直截了当地反驳我说。我突然意识到她没有说错。我刚才的确提到了一件特别的事。"不过，我还是希望你们找不到火星生命，"她补充说。

"为什么？"我问道，"要是我们能在火星上找到生命，应该很棒吧？"

"我看过《世界大战》这本书，"她继续说道，"我们都知道这本书写了什么内容。有的时候，我可不希望我们和外星人有过多接触，他们可能很危险。"

外星人或许的确很危险，至少如今的流行文化产品都向我们传递了这样的观点。在几乎所有有关外星人的电影中，他们通常都会乘坐酷炫的星际舰船、带着不可告人的企图来到地球。在1996年的电影《独立日》中，美国战斗机紧急起飞，竭力阻止外星人炸毁白宫的行动，自那之后，人类就有了新的独立日。1979年，在雷德利·斯科特指导的系列电影《异形》中，一种超高效的外星捕食者喜欢将自己的卵产在倒霉的受害者的胃里，演员西格尼·韦弗像煞有介事地要求这种外星生物"离她远点儿"。当然，如果我遇到了外星访客，绝对会比这礼貌得多。不过，通过这些例子，你应该也明白为什么司机女士觉得同外星人接触存在危险了。

即便是在象牙塔内，也并不是所有人都觉得接触外星人绝对安全。向宇宙空间发送射电信号以宣告人类的存在并鼓励外星人随意拜访地球，此事已经引起了严肃的学术讨论。如果外星人把我们发送的"你好，我们在地球这儿"错误地理解成"我们的星球适合高等复杂生物，地球可能是你们殖民的绝佳地点"，会出现什么情况？是否应该制定一些国际协议和大家都认可的章程，约束向外星人发送信息的行为？

这类担忧似乎有些夸大了。毕竟，外星人究竟是不是存在都不确定。另外，即便他们真的存在，这样的消息就能让我们所有人都完蛋吗？不仅如此，我们其实早在20世纪20年代就开始向宇宙空间发送无线电消息了，所以，即便我们想补救，恐怕也为时已晚。当然，这些都不是我们为了同外星人取得联系而特意向太空发送的消息，但它们的确可能在不经意间被其他智慧物种知晓。按照平方反比定律——无线电波传输的距离每增加一倍，强度就缩减为原来的1/4（而不是1/2）——随着无线电波在太空中传播得越来越远，它们最终会变成一种"噼啪声"，一种弱不可闻的窃窃私语。不过，如果外星人掌握了强大的接收装置，那么即便他们远在100光年以外，也可能收到我们发出的第一批无线电广播信号。倘若绕着恒星巨蟹座ζ2（距地球约83光年）运动的行星上栖息着具备前沿技术能力的外星人，那么他们现在可能正坐在家里观看阿道夫·希特勒在1936年柏林奥运会上的激情讲话。我可不希望这给他们留下深刻的印象。

在我们过分担心这些广播电视信号可能在无意间激怒某些不怀好意的外星种族之前，我们或许应该先找到外星人，否则这种担忧就是杞人忧天了。"我发现，你似乎很担心他们可能不怀好意，"我说，"但你觉不觉得，我们首先得确定他们是否真的存在？"

"哦，我觉得外星人肯定存在。一定是这样，对吧？星星那么多，总有一些上面有外星人。我们要是宇宙中的独苗，未免也太奇怪了。"她回答说。

20 世纪最伟大的物理学家之一、人类首个核聚变反应堆缔造者恩利克·费米也想到了这个问题。费米很擅长提出发人深省又简洁、尖锐的问题，可以说，这成了他的个人标签。他提出的那些问题都没有简短的答案，却总能激发智者的深思，甚至被称为"费米问题"。下面要介绍的就是最出名的"费米问题"之一：外星人都在哪儿呢？在过去的大概 100 年里，我们的人类文明已经从以马车为主要交通工具的社会演变成了有能力在月球上行走、打造空间站的高技术含量社群。人类在一个世纪里就能取得如此非凡的成就，那么那些拥有 100 万年历史的外星种族又会进化成什么样呢？费米认为，如果银河系中还有其他文明，那么它们中肯定有一些拥有比人类更悠久的历史，也理所当然地掌握了更为先进的技术。只要时间充足，必然有一部分外星种族具备了星际航行的能力。那么，为什么外星人从不联系我们？为什么外星人不定期在爱丁堡着陆，与当地居民聊聊天，拍点儿照片，吃点儿羊肚，再来点儿冰镇的无酒精饮料呢？

这个问题后来就以"费米悖论"之名为大家所熟知，但这很可能是用词不当。如果地球之外根本不存在可以与我们交流的外星人，那么就压根儿不存在什么悖论了。或许，我们叫它"费米之谜"会更好。无论我们怎么称呼这个问题，在担心外星人是否可能心怀不轨之前，我们都必须把它解决掉。

这位司机女士的观点其实就是费米悖论的一种比较阴暗的解释。想象宇宙中确实有一些肆无忌惮的邪恶外星人在四处游荡，也许就类似雷德利·斯科特创作的异形。它们穿梭在星系之间，四处寻找其他生物，找到后或是吃掉，或是杀死，或是征服。那些"叫得最大声"的文明就像被狼盯上的大肥猪，把邪恶外星人的注意力都集中到了自己身上，因而成了后者图谋的优先选择。这就是选择沉默的优势了。首先，在这样的背景下，沉默更有利于生存。从这个角度上说，我们没有能力发送更强的信号，反倒是一种幸运。其次，如果沉默是一种使文明免于凶恶外星种族掠夺的恰当进化策略，那么那些敢于发声的文明必然是极少数（甚至可能已经灭绝了），我们自然也就不太可能收到其他智慧物种的消息了。这就解释了为什么从来没有外星人登陆时代广场：保持沉默才能远离危险，那些迫切想要与其他文明取得联系的物种更有可能被宇宙中游荡的凶恶文明攻击。不保持沉默就是他们毁灭的原因。

不过，我们究竟应该以何种态度看待这种观点？是严肃地看待，还是只是当作茶余饭后的谈资？这很难说。一方面，宇宙中绝对可能存在某些穷凶极恶的外星人。毕竟，人类自己的攻击性就很强。在今日的地球上，原子武器的数量已经多到可以摧毁所有城市的程度了。因此，如果你认为根本不存在充满恶意的残暴外星种族，显然是过于天真了，至少不该是我们人类应有的想法。不过，所有外星人都会为了躲避"宇宙屠夫"而保持沉默吗? 我觉得这个观点同样值得商榷。虽然人类自身确实有爆发冲突的倾向，而且崇尚武力可能的确是物竞天择的进化结果，但从宇宙层面来看，出现残暴外星人的概率似乎并不高。如果这类种族真的存在，那么他们屠戮宇宙邻居的动机是什么? 漫无目的地在星际间毁灭各类文明，似乎毫无意义。即便是拥有了相当破坏力的人类，也不太可能制订杀死其他智慧种族的太空屠戮计划，除非他们直接威胁到了我们的生存。即便我们拥有这么做的强烈动机——比如，我们觉得他们所在的星球很适合作为我们的第二家园——那我们也会谨小慎微，因为要想在不破坏原有生态圈的前提下彻底清除某个外星物种，难度非常大。当然，"宇宙中存在极度危险的邪恶外星人"的确可能是费米悖论的合理解释，我们不能完全排除这种可能。只不过，现实中的生物冲动真的能够驱使某个物种达到星系级的邪恶程度吗? 实在很难想象会出现这种情况。

　　实际上，即便有外星人真的实施了屠戮计划，也更有可能出现这样的转折: 他们还没来得及毁灭我们，就先自我毁灭了。既然我们人类掌握了自我毁灭的能力，那为什么其他文明就不可以呢? 毫无疑问，掌握了星际旅行能力的文明必然同时拥有自我毁灭的能力。实际上，就人类的情况来说，进入宇宙空间必需的火箭技术，碰巧也是在这个星球上投掷炸弹必需的技术。也就是说，走出地球家园、将人类足迹播撒至全宇宙的技术能力与给整个人类文明带去全球级别灾难的技术能力是高度捆绑的。或许，在文明的技术水平达到了可以同外界联系的程度后，就会陷入内部战争的泥沼，从而阻碍技术的进一步发展，征服全宇宙的愿景更是无从谈起。从这个角度上说，同外星人接触的危险，也恰恰是外星人自身也必须面对的危险，对于这一点，人类也同样深有体会。

那么，是否可能只是因为我们太在意费米悖论了，所以它才会成为悖论？想想我是怎么和司机女士讨论起愤怒的外星人的？我们最初讨论的其实是外星人是否危险，他们是否攻击性很强。如果过分在意这个问题，自然会担忧外星人会入侵地球，最终催生出不要与外星人接触的想法。我们一致认为，保持沉默才是最佳方案。我们当然不知道为什么外星人会四处游荡、想要消灭其他物种，但也永远无法确定这种可能真的不存在。本着小心驶得万年船的原则，低调行事总是更优的选择。完全可以想象，其他外星智慧物种的想法也与我们类似：它们同样拥有相当高的技术水平，在生死存亡的问题面前也同样倾向于保持谨慎。或许就在此时此刻，在银河系的某个角落，有一群长着绿色触角的章鱼正围坐在一起，聊着"佐格悖论"。在他们的社会里，著名生物化学家佐格教授提出了一个知名悖论：如果宇宙中存在着比我们的历史更悠久的文明，那么为什么还没有外星人来拜访我们？

更进一步说，如果所有文明都这么做，那么导致费米悖论的其实就是它本身。所有文明都多疑地认为，制造噪声会带来灾难性的后果。于是，所有文明都低头不语。不过，真正的灾难其实恰恰是所有智慧物种都不愿与外界交流——包括那些有能力这么做的——所有智慧物种都因为恐惧而囿于孤独。这才是真正的悖论,或者说是一种悲剧性的讽刺。

有没有一种好玩的可能?"有没有可能外星人就在外面,他们能看到我们,只是我们看不到他们,"我对司机女士说,"或许,地球就是外星人的一座动物园。他们每到周末就带着孩子来这里参观,吃着外星冰激凌,注视着动物园里的人类发出滑稽的声响?"司机女士听到后往后视镜里看了一眼,估计是要确定我是不是在开玩笑。显然,我没有开玩笑。这是一个很严肃的问题。

"看我们? 那肯定很无聊,"她提出。"最好还是去真正的动物园吧。"说实话,我之前从没想过这个问题。本来外星人饶有兴致地在远处观察我们,但没过多久就被企鹅、熊猫等动物吸引了,于是改为参观爱丁堡动物园,或是直接野外考察。这可真是讽刺,但细细想来又很公平:我们本不该自以为是地认为自己就是地球上最有趣的物种。

同司机女士的这番对话略微有些超现实,但肯定不算愚昧。它可能解释了为什么我们从来没有收到来自外星人的任何消息。残暴的外星人可以塑造出一个沉默的宇宙,善良的外星人也同样可以。他们或许是担心自己的出现会影响我们的福祉,干扰我们的社会、文化发展轨迹,所以才同我们保持距离。就像人类会站在安全距离以外观察蚁群一样,外星人或许也在远处饶有兴致地观察我们的生物和社会演变过程。他们会从各种角度考察我们,会记下笔记，好奇我们下一步会发生什么变化，但就是不会干预我们的发展。地球就像是一个行星级别的动物园，展示着自己的动物和植物群落，而外星游客们必须遵守星际间的通用条例：禁止向动物投食。只有当我们自行掌握了星际航行的能力，并一头扎进宇宙的无边黑暗之后，我们才有资格成为其他动物园的观众，才能同其他参观动物园的外星种族交流。在那之前，我们仍旧只是动物园里的动物。谁知道呢？或许管理动物园的外星文明一直在帮我们的忙，他们把凶恶的文明阻挡在外，让那些善良的文明有机会仔细观察地球，研究他们感兴趣的一切。

这些有关外星人性格和动机的猜想有助于我们思考费米之谜，不过到头来，这种讨论可能只是空谈，因为它的前提或许就不成立：压根儿就没有外星人。又或者，跨越广袤星际空间（无论是通过航天器还是通过无线电信号）的技术挑战实在太过艰巨，我们与外星智慧物种（哪怕他们的技术水平比我们高超）之间的鸿沟难以跨越。当我的脑海里出现这些颇有些压抑的想法时，司机女士正载着我驶入一座环岛，四周胡乱生长着枝叶茂密的树木。我向司机女士提到了这种可能："即便他们想来我们这儿，可能路途也实在太遥远了，对他们来说太难了。"

"那很好。我安全了。"她咯咯地笑着说。面对这种可能永远无法见到外星人的前景，大多数人总是有些失望，但很显然，我面前的这位女士反倒因为摆脱了一个重大星际问题而感到宽慰。或许，我们这些外星人发烧友必须学会面对失望。

　　这种希望渺茫却发人深省的潜在可能给我们好好上了一课，那就是：谦卑。人类文明步入现代之后，我们已经逐渐忘却了谦卑。自18世纪以来，我们的文明始终秉持着一种信念：所有问题最后都可以解决，即便是最艰深的问题也能够解答。这种信念随着科学方法一道在17世纪诞生，维多利亚时代工程学的成功以及整个20世纪的辉煌成就更是令它繁荣滋长。从现实层面上说，这些进步的确令人印象深刻。以抗生素的发现为例，这种药物彻底改变了人类的生活，大幅降低了死亡率。要知道，在抗生素出现之前，即便是一个小小的伤口，也可能通过感染让你死亡。还有很多放在200年前根本无法想象的事——比如用微波炉烹饪美食，我们在1888年才发现了微波这种神秘的不可见的电磁辐射——彻底改变了我们的生活品质。

　　于是，我们开始相信自己拥有无限的创造力。既然我们已经从马车时代进化到了飞机、汽车时代，顺着这个逻辑就会很自然地推演出这样的结论：我们迟早将掌握星际飞行的能力，而且宇宙中的其他智慧文明也一样。然而，这是不是一种傲慢？我们是否有一天会遭遇未知的困境，比如技术天花板？在可能生存着外星人的宜居行星中，最近的一些也离地球有上千乃至上万光年之遥。也就是说，即便我们能以光速飞行，也要花成千上万年才能抵达那些地方。可现在，我们距离光速飞行还相当遥远。即便我们做到了光速飞行，也需要无数代人不断接力才能抵达那些行星，从宇宙尺度上说，这些行星只能算是我们的近邻。困难实在是太多了。假设有朝一日，我们能用巨大的能量推动飞船，让它以光速的10%前行，那么"只需"830年就能抵达巨蟹座 ζ 2。可是，以如此高速航行的宇宙飞船，哪怕只是与一小块星际物质相撞，都会粉身碎骨。

乐观的工程师无疑认为，我们一定可以克服速度与距离的挑战壁垒。有些人甚至认为，我们可以打破光速这个终极物理学壁垒，实现以超光速航行，具体方法或许是通过虫洞（一种宇宙时空连续体的扭曲形式）突然消失在某个地点，然后又在我们选择的另一个遥远的地方出现。就目前来说，这还只是科幻小说中的设想，以我们目前的科学水平，完全不知道具体怎么做。另一种同样奇幻的方式是扭曲宇宙飞船前的时空，让漫长的距离在虚空中坍缩，从而变成一次短距离跃迁。我们可以通过所谓的"阿库别瑞引擎"（又名"曲速引擎"）实现这一目标，该装置以提出相应理论的理论物理学家米盖尔·阿库别瑞的名字命名。不过，他的理论基础是我们一无所知的超凡物理学，我们甚至不知道这个理论描述的是不是我们这个宇宙，更不用说具体的技术方案了。虽然历史经验告诉我们，不要盲目否定人类未来的技术能力（曾有人认为，以超过时速40千米的速度运动很可能会致人死亡），但光速可不是人类自我囚禁的抽象限制。超光速航行可能真的是不可逾越的技术壁垒。

这种限制我们移动能力的终极壁垒完全有可能存在。物理学本身并非毫无限制：它限制着宇宙中的一切物质。我们之所以能打造出那么多有用的小玩意儿，都是因为理解了这些限制。但物理学很有可能也给人类的工程学能力施加了某种上限。如果我们继续大力发展技术，并且探索自身能力的边缘，终有一天会遭遇这个壁垒，而超光速航行或许正是其中之一。如果事实的确如此，那么外星文明的情况和我们不会有什么不同。他们也有可能偏居在宇宙一隅，并且不是因为宇宙其他地方没有生命，而是因为宇宙实在太过浩瀚，所以即便他们拥有极为强大的工程能力，也没办法跨越我们之间的巨大鸿沟。和我们一样，他们的工程师面对物质与能量的束缚也同样无能为力。

这个问题倒也并非完全没有解决方案。我们可以敞开胸怀拥抱这种物理学极限，以一种更为温和的速度航行，代价当然是付出更长时间。举个例子，如果我们以光速的1%——喷气式飞机速度的1万倍——前往1万光年之外的恒星，那么需要100万年才能抵达。从人类个体的视角出发，这个时间确实很漫长，但其实这个时间在地球诸多物种的存续时间之内。也就是说，只要有耐心、有恒心，人类终究能够跨过物理距离的障碍（但很可能不是由你本人实现）。不过，真的有物种可以忍受如此漫长的旅程吗？我们真的可能让几千人登上宇宙飞船，送他们去无尽、黑暗、寒冷的宇宙空间，然后期待100万年之后，他们后代的后代仍旧怀揣着祖先出发时的梦想抵达遥远的目的地？人类的生理和心理能够经受得住这样的考验吗？

实际上，不要说触及生理和心理极限了，人类能够忍受孤独的时间和程度也十分有限。感谢那些常年在南极洲腹地工作的科学家，他们的研究让我们获悉了不少这方面的信息。医生以及那些迫切想要知晓人类耐受度极限的研究人员严格检查了在那里过冬的诸多科学家及后勤人员。在完全见不到太阳的南极冬季，居住在此地的人们出现了一系列心理问题：抑郁、孤独、暴力，乃至严重的精神错乱。除了这些负面心理状态之外，人们的身体状况也有一定程度的恶化。在与世隔绝的心理压力之下，他们的免疫系统变得脆弱，激素水平也变得不正常。诚然，这些在南极洲过冬的科学家人数不多，而预想中展开漫长星际之旅的宇宙飞船将容纳几千名乘客。由于这个群体人数众多，本身就可以预防群体成员因孤独而发狂。然而，鉴于人类的心理和生理如此脆弱，我们仍旧无法肯定，这个群体能否安然无恙地经受住几万年乃至几十万年漫长星际之旅的考验，哪怕他们人数众多。或许，已经有外星文明尝试向我们这儿进发，但最后以失败告终。

其他潜在的方案，比如基因工程和激素修改，也都有自身的问题。对于飞船上的人来说，他们生存的唯一意义就是孕育下一代，让下一代继续旅行，这必然会让他们产生很多情感问题。那么，我们是否可以通过基因工程让他们免于遭受这种生存意义的折磨？换句话说，是否真的有人愿意踏上这段意义虽然重大但过程痛苦不堪的星际之旅？即便我们真的通过基因手段剥夺了他们的情感，很可能也会出现其他各种问题，妨碍他们继续执行任务。

不过，即便我们能克服上述所有技术问题，也还有一个疑问需要解决：我们和外星人为什么要踏上这样的星际之旅？如果遇到家园即将毁灭这种极其紧急的情况，整个文明都会被迫向宇宙禁地移民，那就不是什么探索之旅了。这种被迫移民的目的不是为了同外星人有第一次接触，而是延续文明的火种。我同样也把这些如数告诉了司机女士。我对她说，或许"就是没有什么动力让他们费时费力地跨越这广袤空间。这可能就是答案，很简单"。

司机女士似乎对这种答案感到欣慰，或许是因为危险解除了。但现在，人类的孤独成为问题所在。"我不希望外星人带来危险，但只有我们自己，没有其他人交流，也不是我想要的。"她回答说，语气中带着些许悲伤。

无论如何，事实就是我们观测到的宇宙一片寂静，连一丝一毫疑似来自外星智慧文明的信号都没有。对于这个问题，除了上面提到的解释之外，当然也还有各种假说、构想和观点，但最有可能也是最显而易见的答案还是：根本没有外星人，至少太阳系附近没有。继续寻找拥有相当智能的外星生命肯定颇有意义，但最终结果可能还是一无所获。如果未来有一天外星人真的出现了，而且像我们希望的这么聪慧，那么到时，但愿"想不到他们有什么理由毁灭我们"这种想法能够让我们产生些许安全感。

出租车停在了北极星大厦门口。我向司机女士表达了感谢，但留下的不只是谢意和车费，还有人类面临的难题：究竟是承担不确定的风险也要在宇宙中找到我们的同类，还是甘于孤单？这是我们以及所有可能存在的外星人必须面对的抉择。

这块诞生于公元前 3000 年左右、在伊拉克南部发现的泥板，记载了有关工人啤酒配给的信息。破译外星人语言的难度丝毫不亚于破译这种古代文字，但我们可以以共同理解的科学内容为基础，实现同非人类智慧生物的交流。

第 10 章

我们与外星人能交流吗？

乘坐出租车去格拉斯哥大学里借用一台拉
曼光谱仪，研究我们之前送往太空的实验样本。

2017年春天的一个早晨，天气寒冷。比较特别的是，这次乘车之旅并没有同司机过多交流。严格来说，我们的交流失败了。有时候，在格拉斯哥打车时会遇到带着浓重苏格兰口音的司机。这种口音悠扬、浓郁，对像我这样出生于英格兰的无知的爱丁堡人来说，很难听懂司机的话。再加上似乎能震碎玻璃的发动机轰鸣声、车轮滚动声，就更难听清楚司机在说什么了。

路途中，司机先生曾经评论过当时的天气——我猜应该是评论天气吧？他指着北方地平线上空的乌云，然后说了什么，我实在没听清。这种场合总会让我觉得自己有点儿不礼貌，因为我只能通过点头、微笑、礼貌性地表达关切来回应。我猜司机先生当时和我一样冷，哪怕他穿着一件厚厚的黑色羊毛衫，脖子上还裹着一条红色围巾。这天的经历让我不禁发问：既然同这位司机先生的对话已经如此困难，那么与外星人的交流是不是会更难？于是，我突然觉得，哪怕外星人知晓与地球有关的一切事情（包括我们的语言，他们可能会从乐于助人的格拉斯哥居民那儿学会英语，也可能舒适地坐在飞船里通过看苏格兰电视剧学习这门语言），我们与外星人之间的"第一次接触"[①]也可能会以失败告终。

不过，我在这次打车之旅中遇到的壁垒其实只是语言方面的。只要克服了这点，就会发现司机先生和我有很多可以讨论的话题。我们的观点可能会有分歧，但也有可能高度一致。显然，我们与外星人之间也存在这种语言障碍，只需找到某种可行的交流方式就能理解他们。但是，还有一个更有意思的问题：假如语言问题解决了，我们与外星人之间是否能找到某些共同话题，就像我和这位司机先生一样？还是说，双方的陌生感会让我们与外星人行同陌路？即便我们与外星人建立了共同的交流方式，我们是否就能理解他们的精神状态和观点立场？

正如大家经常提到的那样，我们和外星人之间的邂逅，有可能就类似于我们和蚂蚁之间的"交流"。我们显然不可能与蚂蚁、黄蜂或者更有智慧的动物（比如犬类）讨论量子力学。同样，智

---

① 《第一次接触》也是知名科幻电影系列《星际迷航》中的一部。——译者注

力远高于我们的外星物种恐怕也没有兴趣与我们讨论这方面的问题。没错儿，人类的智力远高于狗，但这并不意味着我们对狗的行为的理解会优于它们同类之间的理解。我们和外星人之间的关系也可能同样如此。即便外星人的智力水平与我们大致相当，也不是很重要。真正重要的是，外星人的智力在本质上可能就与人类迥然不同，导致我们在与他们第一次接触时因相互间的困惑而陷入沉默。

　　不过，我们与外星人可能至少在某个维度可以找到共同话题，那就是：科学。接下来我要做的就是运用人类的推理能力，阐明人类与野兽之间的区别。这可能会让我变得像古代哲人那样，但我必须这么做，至少是做一些类似的事。首先，从目前看来，研究科学的能力是人类大脑独有的，地球上的任何其他生物都不具备这种能力。在此，我不会列举任何神经科学方面的证据佐证这个想法，也不会把你引入那个常见的争论：我们是否与黑猩猩有明确区别？还是说所有生物都有一定认知能力，只是强弱不同，而人类只是在这方面有微弱优势，但与黑猩猩之间没有根本区别？我只是想讨论这样一个事实：人类有能力建造空间望远镜，然后围坐在一起，喝着茶，讨论有关宇宙起源的假说。除非你是加里·拉尔森①或是他的狂热支持者，否则我认为我们应该在这一点上达成共识：奶牛和猴子绝对做不到这样的事。并且，这正是我们这个世界各种独特之处的源头，我甚至可以大胆地说，

---

① 加里·拉尔森，著名漫画家，他喜欢在卡通漫画作品中给动物赋予人类的情感和能力，故作者有此一说。——译者注

这也是宇宙各种独特之处的源头。

不过，我们是否能同外星人交流，与人类拥有的科学能力之间究竟有什么关系？要解释这个问题，我们得先明确科学的含义。首先，所谓的"科学"并不是一种实体。某些人听到这个说法可能会有些惊讶。毕竟，你经常会听到有人说："科学已经证明……"或者"科学不能解释一切"。在非正式对话中，这种通俗的说法也没有什么值得指摘的，但说这些话的人其实对科学有着深度的误解。他们不明白科学其实只是一种方法，而非权威、不可撼动的知识体系。科学方法要求我们以各种方式（比如实验和通过望远镜观测）收集各类证据，然后以这些证据为基础构建一幅大自然的运行图景，也就是所谓的科学理论。这幅图景可能不正确，或者可能包含了矛盾之处（用科学术语来说就是"不自洽"），但这种构建图景（建立理论）的方式就是科学。一旦我们拥有了这样的图景，就能以它为基础提出假说——所谓"假说"，就是一种基于证据的推测。而假说本身又可以通过实验和观测来检验，这又催生出了新的图景，或者说建立了新的理论。我们掌握的知识就是在这样的循环中不断增加的。

那么，这个所谓的"科学过程"是如何起效的呢？举个例子，我从果园里摘了一个苹果和一个橙子，现在马上研究它们的性质。在某个创造力爆发的时刻，我或许会想象存在某些既有苹果特质又有橙子特质的水果。如果你喜欢的话，我们可以叫它半苹半橙。于是，我现在就有了一种假说，接下去要做的就是查验各个地方的水果，看看是否存在这种假想中的水果。这个环节结束之后，我要么接纳这个假说，要么推翻——找到一个半苹半橙的水果，证明它的存在或者证明找不到半苹半橙这种水果。当然，找不到并不代表不存在，但如果我造访了所有果园，都没有找到假想中的半苹半橙，那这个结果至少会让我觉得这种半苹半橙的水果极其稀有。并且，在找到这种水果之前，我有充足的理由认为，世界上根本没有半苹半橙这种水果。

在整套流程中，我必须始终坚持一个不容置疑的原则：摒弃个人的想法和好恶，只以客观实验数据作为判断依据，尤其是当足以否定我的想法的有力证据出现时，也要坚持下去。优秀的科学家也一定会严格遵守这个原则。最后，你或许会成为一种新型水果（半苹半橙）的发现人，从而名利双收，但如果你没能找到这样一种水果，就必须推翻自己的假说。你不能假装看到远处果园里长着半苹半橙，并谎称等你过去查验的时候，它们恰好消失了。你也不能在自家地下室用水果刀伪造出这样一种水果，或是施展其他骗术。哪怕你这个半苹半橙的假说已经坚持了 1 000 年，而且拥有 10 亿和你一样坚信它存在的忠实拥趸，只要实验数据不支持，你就必须立刻摒弃这个假说。

这就是科学的概要。科学方法并不十分复杂，但人类花了长到超乎你想象的时间才彻底接纳它。几千年的迷信思想和宗教教条催生了我们认识宇宙的其他方法。例如，有人认为宇宙的结构藏在茶叶里，也有人用鸡的内脏进行预言。像这样的观点有很多，纵观历史（其实现在也仍旧如此），信者最多的观点从来都未必是正确的，但一定是权威人士的观点：事情之所以是现在这个样子，是因为某个有权有势的人就是这么对我说的。没错儿，竟然从没有人想过："这是胡说八道！我想知道真相到底是什么，为什么我不亲自一探究竟呢？"这些观点在现代人看来简直不可思议。不过，"事后诸葛亮"易做，当时肯定也有一些人怀疑那些错误观点，甚至会明确反对。不过，在人类历史的大部分时间以及大部分区域，都没有实验室，也没有任何可以准确测量的工具，再加上很难得到权威的支持，因而这些敢于质疑的人也不会得到多少响应。虽然人类后来取得的许多成就起源于欧洲，但这个地区在很长一段时间内都很落后。直到17世纪，科学院这类学术机构在欧洲出现，以弗朗西斯·培根和伽利略·伽利雷为代表的诸多名人奠定了我们如今所知的科学方法的基础后，人类文明才开始更广泛地接纳这种方法并加以应用。

我十分肯定，科学方法会是我们和外星人的共同话题。换句话说，我确信外星人必然也是借助科学方法认识宇宙的。为什么我这么有信心？毕竟，人们总是说，科学只是认识宇宙的一种方式，我们不应该对其他方式视而不见。从修辞的角度上说，这个说法的确很有吸引力，很能引起共鸣，而且也确实是事实，但它忽略了一个要点：科学方法对我们认识宇宙具有不可替代的正面作用。没人怀疑你可以用其他方法认识宇宙。你确实可以剖开鸡的内脏，或者观察茶罐底部，又或者询问某个教派的资深人士，从而获得有关宇宙运行机制的答案。问题是，你得扪心自问，这些方法到底可不可靠？它们可以给你带来站得住脚的知识吗？你可以用这些知识反复检验，直到建立有益的理论吗？换句话说，你可以凭借从鸡内脏或者教派权威那儿收获的知识，做出可以被检验的预测吗？如果答案是否定的，那么实际上你根本没有系统性地认识宇宙在物理层面上的运作方式。

与茶叶、鸡的内脏和教派权威不同，科学是一种过程，而非潜在错误的源泉。而且，科学过程具备某些特定的要求。首先，它要求我们观察希望了解的现象。除非你的目标就是了解茶叶是怎么在热水里枯萎的，否则观察茶杯里的情况就不满足科学过程的要求。当我们把注意力集中在希望更深入了解的现象上时，就很有可能获取相对可靠的信息。还有至关重要的一点——同时也是茶叶、鸡的内脏和教派权威欠缺的一点——那就是，当证据不利于你坚信的观点时，就要果断摒弃这种错误观点。同样，这并不意味着不允许你用其他方法研究这个世界，如果你想收获可靠的知识，就一定要这么做。科学方法之所以强大，是因为它不断地提出质疑、改进方法、修正观点。你对大自然内部运作机制的认识正是在这样的循环中不断提升的。其他研究方法不可能产生这种不断提升的效果，于是，通过它们得到的结果就不会像久经考验的科学成果那样可靠。

当然，你现在也可以说，你研究宇宙的方法永远不可能用科学方法要求的工具检验。这很好，毕竟没有人可以剥夺你坚持自己观点的权利。可是，如果你通过这种方法获取的知识无法用任何方式检验，也就是根本无法评判它的对错，那么即便得到全面且正确的认识，是不是也太容易了？因此，在我看来，我们必须高度怀疑那些声称本质上就不可检验的宇宙观。

这让我觉得有必要强调一下当人们（尤其是科学家）声称"科学"表明什么时，他们所表达的真正含义。当你听到别人说"科学已经证明……"时，他们真正想表达的是："目前收集到的数据和测试结果让我们得出了这样一种解释。不过，要是我们之后又找到了与之相悖的数据，就有可能推翻现有结论。"当然，如果你在晚宴上这么小心翼翼地说话，别人肯定觉得你很无聊，所以如果你不想没朋友的话，还是用简短的表达方式吧。不过，你肯定已经意识到，这并非语言的微妙特性，简短表达与完整描述之间的差异正是科学方法的真正内核，这才是科学方法有别于"其他"方法的关键所在。科学是一种批判性思维过程，对任何你想深入了解的现象，都必须有坚实可靠的实验证据，然后不断改进的理论与不断涌现的证据将展开永无休止的对抗。在实验室里工作多年的科学家都不会否认，科学方法的力量就在于不断地检验。而反复检验的基础就是相信不存在终极答案，唯有不断深入的探索。显然，以鸡的内脏为基础的研究方法与此相去甚远。

科学方法的可靠性在于，科学家不只是构建新理论，而且每种理论都有作用。其他研究方法也能催生新理论，但科学方法之所以与众不同，是因为只要我们严格按照科学方法做研究，就能发展出可以用来做预测甚至构筑现实工具的理论。每当预言成真或工具奏效的时候，我们就知道理论准确地描述了我们周遭的自然世界。举个例子，有了升力面理论和阻力理论，你就有可能设计出翱翔天空的飞机。如果你的设计完全符合理论且没有任何其他问题，那么飞机第一次飞行就能成功。当然，在实际过程中，总会出现一些小错误和偏差，制造轮子和机翼也绝非易事。但是，科学方法的确能告诉我们有关物质性质的正确知识，我们也因此有了设计出飞机这种复杂机械的可能。

当然，这一切并不意味着不借助科学方法就完全不可能建造出复杂的机械。没头苍蝇似的不断试错，也并不总会失败，次数多了，总能蒙对几次。实际上，17世纪之前的技术发展都是依靠不断试错完成的。不过，科学方法大大提升了技术进步的速度，尤其在那些必须对自然世界的运作法则有深刻理解才能收获成功的领域，科学方法更是扮演了不可或缺的角色。没有科学方法，我们也可能凭直觉建造出结构稳定的庇护所，但效率可能极其低下，安全性也不高。没有科学方法，我们也可能造出船只和农业用具，但绝不可能造出宇宙飞船。无论怎么说，不掌握科学方法的社会很难造出月球登陆器。倘若你不相信这个观点，我可以证明给你看。想象一下，你集合了三支工程师团队，所有成员都对航空工程学一无所知。给其中一支团队提供一碗鸡的内脏，给另一支团队配备一名备受敬仰的牧师。至于最后一支团队，我们则给他们一本航空工程学教科书，里面记录着大量通过科学方法收集的有关地球大气和各类飞行物的信息。然后给这三支团队布置任务：建造一架月球登陆器，造好后接受测试，随时报告工作进度。你觉得哪支工程师团队能更快、更好地完成任务呢？

你是不是觉得我已经偏题了？毕竟，我们应该讨论与外星人相遇时的场景。别着急，我马上就来揭晓这些有关科学本质的内容与我们讨论的主题之间的关系。如果外星人建造了宇宙飞船并且同我们进行了第一次接触，那么即便对他们的世界、文化和大脑构成一无所知，我也可以向你保证，他们建造宇宙飞船用到的知识绝不可能来自外星鸡（或者其他外星动物）的内脏，也不可能来自大祭司、第六世界统治者、宇宙之主之类的所谓"神谕"。他们一定是通过科学方法得到了这些知识。如果说真的有类似神仙这样的外星人在其中发挥了作用，那我也可以肯定地说，这些生物也一定是借助了科学方法或者通过检索某些专业图书馆（或者其他外星同等物，总之里面包含了大量通过科学方法得到的有用信息）得到这些知识的。另外，思维模式的趋同也意味着，科学方法可以成为我们同外星人交流的基础。

现在，我们几乎可以毫不犹豫地断言，外星人的知识体系一定与我们大为不同。实际上，他们的知识体系很可能远远领先于我们，他们的科学能力很可能高到我们无法想象的程度。没错儿，人类和这些有能力造访我们的外星人的确能通过科学方法掌握部分宇宙真相，但这并不意味着双方理解和运用知识的方式也是一样的。以我们对宇宙的认识水平、技术能力，以及我们对物质世界的了解，完全无法想象他们掌握了何种程度的知识。不过，这条鸿沟与我们和蚂蚁之间的鸿沟并不相同，甚至与人类和大猩猩（相较于蚂蚁，它们的认知水平更接近人类）之间的鸿沟也不一样。我们和这些外星人之间的认知鸿沟只是源于双方掌握的信息量和知识量的天差地别。人类和具备星际旅行能力的外星人在一个关键点上是毫无差别的，那就是，我们都会用越来越可靠的理论推动自身对宇宙的认识，并且构建这些理论的基础都是我们愿意加以检验、必要时愿意否定的证据。

此外，还必须指出，外星人实践科学方法的能力可能也与我们不同，或者说强于我们。或许，外星人的大脑非常善于数学计算。又或许，他们存储、获取知识的方式与我们大为不同，甚至在我们看来有些奇怪。不过，如此种种都改变不了一个明确的事实：外星人会使用科学方法。让我说得再肯定一些，他们一定会使用科学方法，因为这是他们建造宇宙飞船的基础，只有借助科学方法获取了有价值的宇宙信息，他们才有可能完成这项任务。

而且，在他们掌握的这些信息中，至少有一部分也是我们熟悉的，这是因为科学方法的另一项重要特性：无论是谁、是什么应用了科学方法，也无论是在哪颗行星上施展了科学方法，科学方法的研究对象（都是宇宙）以及应用方式都是一样的。我并不是说，我们已经借助科学方法得到了宇宙的终极客观真相，这显然不对。如果我真的这么说，哲学家一定会把我剁成肉酱。不过，有一点毫无疑问，那就是：科学方法的确将知识组织成了越来越完善的框架，我们也因此朝着全面认识各类自然现象的目标不断前进。举个例子，几百年前，牛顿基于前人的理论提出了他的引力观。后来，爱因斯坦在20世纪通过时空连续体的理论修正并发展了牛顿的引力理论，但这并不意味着牛顿的理论是错的。实际上，当你想要预测球被扔出后会发生什么，以及预测它掉落到地上的运行轨迹时，牛顿理论仍旧很准确、很有用。不过，爱因斯坦的洞见极大地提升了我们对宇宙尺度上事物运转规律的认识。其他科学家则细致地研究了爱因斯坦的理论，证实其中正确的部分，找出其中错误的部分。有时候，他们以为错误的观点却在后续论证过程中被证明是正确的。有时候，我们会发现爱因斯坦理论的某些部分还可以优化。就这样，人类在反复修正前人理论的过程中逐渐向更深邃、更有说服力的宇宙真相迈进。

如果外星人的确是坐着宇宙飞船造访地球的，那我可以做一个大胆的假设：他们至少也掌握了牛顿运动定律——当然，在他们的世界中，可能不叫这个名字，但这些细节问题不重要。无论在我们看来外星人的大脑有多么怪异，他们借助科学方法得到的结论都不会与我们有任何区别。假如他们没有掌握牛顿运动定律这样的理论，那就不可能规划出拜访地球的飞船航行轨迹，也不可能计算出计划降落地点的地球引力效应。外星宇宙飞船设计者一定明白引力定律。

还有一个重要方面也同样会影响我们与外星人之间的交流：物理学定律的普适性并不意味着外星人对科学的认识和技术能力与我们完全一致。不同智慧种族对特定物理学定律以及技术成就的理解是否完全一致？或者说，科学技术的发现之路是否唯一？
这个问题非常有意思。我个人的看法是，对科学概念的掌握应该
遵循一定的方向。如果没有深入掌握牛顿力学体系，爱因斯坦恐
怕很难提出时空连续体理论。同样，如果没有这两大理论体系，
我们也很难构建出有关太阳系运行规律的可靠模型，很难准确理
解行星围绕恒星运动的方式。要想深刻认识宇宙真相，没有必要
的前置知识显然是不行的。因此，如果外星人驾驶宇宙飞船抵达
地球，那么他们对宇宙的认识很可能至少与我们相当，并且大概
率要比我们深刻得多。然而，如果他们的宇宙飞船使用的是反物
质引擎（或者其他高级技术），那么当我们把牛顿的《自然哲学
的数学原理》拿给他们看时，他们恐怕很难流露出钦佩之情，更
有可能对我们的无知感到极度震惊。

　　拥有星际旅行能力的外星文明的技术发展之路是否与我们
人类相似，这是一个非常有趣的问题。当我乘坐从爱丁堡驶往伦
敦的火车并感到无聊时，就会在脑海里就这个问题展开一场头脑
风暴。我试着想象，人类社会是否有可能在没有取得部分基础
技术进展之前就发展到如今的技术水平。举个例子：我们有没有
可能在发明轮子之前就掌握了核能力？换句话说，出租车有没有
可能被一些没有轮子的交通工具代替？当然，我也可以骑在马背
上，出租车司机（出租马骑手？）每过一段时间就用格拉斯哥语
冲我喊"快点儿"，因为我们要不断跃过街道上的坑洞，而照亮
街道的电力则是由最近的核反应堆提供的。没有轮子，我们可以

按照古人的方法，把货物放在箱子里，再把箱子放到原木上，然后费力地在格拉斯哥的街道上滚着原木前进。沿着这条线索思考下去，与核能力密切相关的各项前置技术，比如铀的发现，铀物理、化学性质的研究，核裂变理论以及原始核反应堆的建造，似乎都可以在没有轮子的前提下完成。

不过，这只是理论情况，是否符合智慧物种社会的技术发展现实就是另一回事了。如果真是这样，那么即便是在核能力研发的最后阶段，肯定也会有技术人员盯着铀浓缩离心机，暗自思忖道："如果我把离心机的轴固定在盒子底部，再用圆盘代替现在的离心机，就可以拉动整个容器，不用一直费劲儿地滚动原木了。太棒了，我发现了！"实际上，在掌握核能力的其他阶段——比如涡轮机或水冷水泵的发明——也会涉及一些绕轴转动的部件，而这些部件的存在很有可能会让部分相关技术人员想到轮子这类非常有用的东西。

因此，我完全可以合理地推测，具有发展导向的不仅是科学知识，还有技术，至少那些应用广泛的重要技术的确如此。只不过，外星人的需求可能与我们不同，因而发展技术的优先级也不一样。或许，他们通过光合作用摄取营养，那就不用发明烤面包机了。不过，他们应该充分掌握了驱动面包机的电力资源。就像《自然哲学的数学原理》一书不会令他们感到惊讶一样，下面这种第一次接触时的场景也不太可能出现：外星人在登陆地球后，跃出宇宙飞船，聚集在大众汽车的车轮周围窃窃私语，接着翻译机告诉我们，他们在讨论："兄弟们，这一定是在开玩笑。看看这个玩意儿，我们怎么从来没有想到过？"

　　如果我们真的能邂逅外星人，交流会是一个问题。如果他们用我们可以分辨的声音或信号来交流，那简直就是我们的幸运。但是，他们的语言结构、处理信息的方式很可能远非我们能想象的，甚至他们的感官系统也会与我们相差甚远。不过无论如何，我认为这也绝不会类似于人类与蚂蚁之间的会面。我们和外星人会互相观察，即便语言不通，他们也会意识到我们具备了一定的科学能力，反过来，我们也会清楚地知道，外星人掌握了一定的科学知识。探寻宇宙真相的能力和欲望，通过观察、实验、批判性思考深入认识自身所处环境的能力，让人类和外星人处于平等的地位，哪怕双方的能力水平（以及应用这种能力的水平）存在差别。甚至有可能出现这样的情况：在我们与外星人互相研究对方的技术时，双方不懈研究宇宙奥秘的精神会立刻促进彼此的认同，那是一种科学层面上互相尊重、互相理解各自过往与未来的境界。

　　科学方法让智慧物种拥有了在探寻宇宙奥秘的旅途中不断取得进步的潜力。虽然我们现在还不知道宇宙中是否有其他物种也掌握了科学方法，但我们完全没有理由就此认为科学方法是人类独有的思维方式。更重要的是，科学方法是系统性提升智慧物种对宇宙认识的必要思维方式。无论我们与外星人有多么不同，双方都会在第一次接触时对上述现实产生难以名状的共鸣。以科学为桥梁，我们应当能够理解彼此。就我个人而言，能够学会如何用外星语言表达"科学"的含义，将是令人无比憧憬的场景。

美国国家航空航天局的"哈勃极端深场"照片，整合了哈勃空间望远镜在 10 年间对特定一片天区拍摄的照片，其中包含大约 5 500 个星系。会不会根本就没有其他智慧生命在凝望地球这个位于宇宙深空中的不起眼的小点？

第 11 章

会不会根本没有外星人？

从布伦茨菲尔德乘出租车前往爱丁堡新
城参加圣诞派对。

出租车拐进了王子大街，我那一年第一次感受到了难以言喻的情感——圣诞氛围。我们都知道忧郁、快乐、嫉妒、悲伤的感觉。这些都是人类情感的基本组成部分。然而，所谓的"圣诞氛围"，究竟是什么？

实际上，我认为圣诞氛围很复杂。儿时的记忆、光线昏暗的傍晚、加了香料的热葡萄酒、挂着金丝箔的装饰树，圣诞氛围是由一系列事物堆积而成的情感状态。而推动并放大这种情感的，则是触动人类集体的某种兴奋感。不过，圣诞氛围的核心终究还是节日的社交属性，也就是家庭感和社区感。

"我们全家都来过圣诞节，人可真是不少，得有11位亲属来我家，"司机女士突然说了这么一句，话语间满是兴奋之情。看上去，她已经准备好了。司机女士穿着一件红绿相间的套头衫，头发雪白——全都是圣诞节的配色。"我很期待，"她高兴地补充说，彻底摒除了本就不存在的任何疑问，"你怎么过圣诞节？"

实际上，作为一名太空爱好者，我有时候会对地球上的节日仪式产生一些奇怪的想法。这一次，我的脑海中就浮现出了这样一幅简单的画面。地球上这颗小小的岩石星球上栖息着人类，其中有一部分到了每年的这个时候，亲朋好友聚在一起欢度圣诞。他们推杯换盏，品尝烤鸡，然后在圣诞树下互换礼物。所有这一切发生的同时，地球也在围绕着一颗普通恒星运动，而这颗恒星位于银河系偏僻的一角，围绕银心运动。我可不想在这个欢乐的节日里故意用天文学思维给这些快乐的人们泼冷水，因此，我当然不会不识风趣地指出，在宇宙尺度上，我们人类如此渺小，所谓的节日氛围有多么无聊。我也不会询问司机女士她觉得宇宙中有没有其他生命是否重要，虽然这样的想法一直在我的脑海里。如果我们知道宇宙中还有其他生命，圣诞节是否会变得更加美妙？又或者，如果我们发现宇宙中没有其他生命，这种孤寂感是否使圣诞节时的相聚一堂更加温暖？这就是一种全新的圣诞体验了：它是无尽黑暗中闪烁着的一抹亮色、欢乐与希望。

这些想法只是在我的脑海中一闪而过，接着我接过了司机女士的话茬儿。"没错儿，我也很期待圣诞节，"我说，"今年，我也会去看看家人。这种知晓自己并不孤单的感觉真好。至少在这颗星球上，我们并不孤单，至于人类在宇宙里是不是孤单，谁知道呢？"司机女士没有回话，但我留意到她看了一眼后视镜，然后眯了一下眼睛。就像我之前说的，我是个太空爱好者，总是喜欢把对话引向这个有意思的话题。

"你是《星际迷航》粉丝吧？"她问道。虽然我偶尔也会看这部剧，但我肯定算不上是它的粉丝。不过，我还没来得及否认，司机女士又说话了。"我是真的挺喜欢这部剧的。那是一场游历整个宇宙的大冒险，一路上遇到了各种奇怪的人。"

我又想到自己刚才对圣诞节的思考，并且产生了新的想法：如果《星际迷航》中"寻找新生命和新文明"的任务总是以失败告终，那么它的核心框架是不是就崩塌了？司机女士喜欢这部剧，是不是就是因为里面有会说话的外星人？没有外星人的《星际迷航》是不是就和一个人过的圣诞节同样糟糕？"我知道这听上去有点儿奇怪，"我提醒她说，"但你觉不觉得，如果《星际迷航》里的主角们没有发现可以交流的智慧外星人，那这部剧就没意思了？或许，宇宙里根本没有可以和我们交流的外星人？"

"我喜欢看主角们和各种外星人遭遇的桥段，"她回答说，"都是一些稀奇的外星人，其中有一部分还想在飞船上捣乱。"她把头歪向一侧，继续说道："我觉得，要是没有外星人，这部剧估计不会那么好看。"

"我同意，"我说，"外星人至少是《星际迷航》精彩的一个重要原因。"站在观众的角度上说，一整晚都看着飞船在宇宙里四处游荡，别的什么也不干，肯定很无聊，哪怕飞船是以曲率速度航行。哪怕你没看过《星际迷航》这部剧，我也相信你会赞同这一点。不过，作为一名科学家，我的想法显然和司机女士对这部剧的观点不同。从专业角度上说，哪怕最后什么都没发现，只要能参加这种游历全宇宙的旅行，我都会欣喜若狂。

下面请先跟我一起踏上这段对你来说可能有点儿无聊的幻想之旅，因为它很能说明问题。先来看看《星际迷航》中的桥段，假设企业号飞船花了5年时间执行探索怪异新世界的任务，结果一无所获。或者，柯克船长和其余机组成员在几个星球上发现了微生物，但没有见到外星人的身影。

于是，在这项任务的第一年，枯燥感、无趣感就侵袭了企业号飞船上的成员。飞船以极高速在宇宙中穿梭，从一个死寂的恒星系跃迁到另一个恒星系。第三年，柯克船长染上了毒瘾，大部分时间都在舰桥上听门户乐队的专辑。他那些无精打采的同事们则围坐在一起，观看烂到不行的B级电影，回忆着本可以在银行或地产公司里好好工作。到了任务的最后一年，他们已经造访了300多个恒星系，仅收获了各种地质学标本以及几瓶冰冻土壤和海水样本，其中一些似乎含有类似细菌的微生物。蓬头垢面、胡子拉碴的柯克船长此时差不多已经失去了活下去的愿望，其余机组成员也都变成了酒鬼。回到地球后，他们离开了联邦星际舰队，在克罗伊登做一些办公室工作，负责管理当地的公路计划以及监管坑洞修复项目。

这部剧似乎应该更名为《纪实版星际迷航》。它肯定没原来那么有趣，但一定更加真实。现实版本的《星际迷航》其实反映了人类社会当初对存在外星人的乐观情绪。如果你还记得前文说过什么的话，就会知道人类在长达几个世纪的时间内都始终认为，火星和金星上也存在文明，火星人和金星人就像人类一样每天忙忙碌碌。即便是月球这片饱受阳光炙烤的灰色废土，也一度被我们认为有月球人在生活。我们还把火星上的那些奇怪线条误认为运河，以为那是火星人的技艺结晶，是火星人为了按自身意愿改变火星环境而展开的宏伟工程项目。在惠更斯、赫歇尔、洛厄尔这些名人的推动下，上述观测结果不仅激发了公众对先进外星文明的乐观情绪，更是让公众无比确信宇宙中一定存在外星人。

太空时代的到来彻底改变了这一切。先是金星、火星和月亮的第一批高质量照片清楚明白地向我们展示了这些星球上除了岩石，什么都没有。随后，进一步的研究彻底扑灭了我们残存的希望，确定无疑地证明了太阳系中不存在其他文明。不过，宇宙其他地方是否存在生命这个问题仍旧没有盖棺论定。于是，许多科幻小说仍旧保有相当强的吸引力。

　　当然，科学家仍对寻找宇宙中的其他生命很感兴趣。不过，目前的研究结果更像是我虚构的《纪实版星际迷航》（只是没有相关人员染上毒瘾），而非大众喜爱的《星际迷航》电视剧或电影。科学家最喜欢的研究对象是火星表面。火星地表的大量证据显示古代湖泊和池水曾经在这颗红色行星上流淌过：这里有只有在水体中才能形成的原始矿物质和黏土；曾经是河流支流的分岔河道；标志着曾有湖泊长期存在的扇形三角洲。那时候，火星大气要比现在厚得多，液态水能够在这颗行星上稳定存在。如今，火星上也还有冰，它们在受热时会跳过液态水这个阶段，直接升华成一缕缕水蒸气。如果这颗星球上曾经有生命存在——甚至，如果这颗星球上如今仍有生命存在——也很可能只是微生物。毫无疑问，火星表面不存在任何复杂的多细胞生物。

　　除了火星之外，我们还在绕着气态巨行星运动的卫星冰壳下发现了海洋。这让我们不禁好奇，那些星球上是否可能存在生命？木星卫星欧罗巴上的水量可能是地球总水量的2倍。这颗还没有月球大的卫星，却在自身海洋极深处藏匿了大量水。比欧罗巴还要不起眼的土星卫星恩克拉多斯——直径只有500千米，甚至不如英国的南北跨度大——更是勾起了科学家的特别关注，因为它会向太空喷射包含水、有机物质、氢气以及各种混合物的羽流。这意味着，它的地下海洋可能拥有适宜生命生存的环境。

　　如果科学家在这些含水星球上发现了微生物，我们一定会大喜过望。不过,大众可能会失望,因为即便我们真的在这些星球上发现了微生物,它们也必然不会是我们最希望看到的外星生物。这是因为自太阳系诞生以来,散布在太阳系各处的各种岩石就一直在共享物质。当小行星和彗星与行星或其他天体相撞时,撞击会把地表上的岩石溅射到遥远的太空空间。通过这种方式产生的岩石非常多,也非常大,那可不是鹅卵石大小的那种石头,而是像山峰一样大。这类猛烈的撞击虽然出现频率不算很高,但不能小觑被它们抛到宇宙中的物质总量。即便是在如今的地球上,每年都会有大约半吨火星物质穿透地球大气层落到地表。为什么你从来没有"幸运"地被大块火星陨石砸中过?原因只有一个:它们中的绝大多数都落到了海洋和无人居住的沙漠里。火星陨石坠落到你家后院的概率确实非常小。

然而,这表明在漫长的地质演化过程中,天体之间确实会互相交换物质。更重要的是,微生物可能会在这些因天体碰撞而产生的石块中存活下来。科学家模拟了这类撞击环境,他们将沾有细菌的小石块加速到相当快的速度,然后令其撞击固态靶。结果表明,这些小东西真的可以在强大冲击力(与将行星石块抛射到宇宙空间中的冲击力相当)下存活下来。因此,地球微生物的确有可能通过这种方式抵达火星,反之亦然。实际上,有一类奇怪的观点认为,地球生命本起源于火星,通过陨石才来到地球。若果真如此,那么我们以及所有地球生物都是某种意义上的火星人。倘若我们在努力探索火星后真的得到了这样的结果,那可真是既有诗意，又颇讽刺。

如果我们真的在其他星球上找到了行星间交换生命物质的证据，那就可以立刻得到一个令人沮丧的结论：如果太阳系其他地方也存在生命，那它们也很可能与地球生命类似，至少关系密切。这倒不会让外星生命变得枯燥无趣，毕竟从心理学到社会学，再到遗传学的各领域研究者，都从自出生起就分开成长的双胞胎案例中总结出诸多结论。类似地，我们也可以通过研究宇宙"表亲们"在过去几十亿年里的所作所为获取海量知识。然而，这样的微生物并不能算是真正的外星生物，因为它们的起源和演化轨迹与我们紧密相关。我们不仅希望能在地球之外发现生命，更希望他们的演化轨迹完全独立于地球生命，只有那样，才是真正符合我们期待的外星生命。

所有这一切都与《星际迷航》中的桥段相去甚远。编剧从来没有让企业号飞船的机组成员把灯光照向身下的行星表面以收集微生物，也没有让他们在剩余的剧集中将采集来的微生物放到显微镜下仔细检视，研究它们的生物学构造，然后花上很长时间讨论微生物生态学。编剧们认为，只有那些能够以自我意识干扰企业号飞船及其机组成员的微生物才有趣。不得不承认，这让我有些懊恼。我个人认为，如果《星际迷航》系列作品能够讲述有关全宇宙中的微生物内容，那会非常有教育意义，非常好看，非常卖座。不过，毕竟你看到的这些话出自微生物学家之口，你可能不会同意我的观点。这位司机女士显然也不赞同。

"如果《星际迷航》里讲述了有关外星生命的内容，不是那些耳朵尖尖的外星人，而是许多有趣微生物和藏在岩石和泥土里的其他奇怪生物，那你觉得这剧还有意思吗？"话一出口，我就知道我暴露了科学怪客的身份。我想知道，公众会对长达三四十分钟的微生物实验感兴趣吗？如果实验是在企业号飞船上进行的呢？显然，司机女士并不买账。

"那可没什么看头，是吧？"她说道，此时我们拐进了乔治街。街道两旁的18世纪建筑上缀满了绿色、红色、银色的装饰物和灯泡，一派圣诞气氛。

企业号飞船的探索之旅并不局限于太阳系。它在奔赴宇宙远方的旅途中，运气会越来越好吗？至少目前，我们还不知道。不过，我们确实在朝着这个方向努力。过去30年内天文学最令人鼓舞的革命之一就是对于系外行星的搜寻。这些与地球类似但围绕着其他恒星运动的星球已经彻底改变了我们对宇宙的看法以及天体搜索方向。截至目前，诸如美国国家航空航天局开普勒望远镜和凌日系外行星探测卫星（Transiting Exoplanet Survey Satellite，TESS）这样的设备已经证明有大量系外行星的存在。其中一部分位于其母恒星的宜居带中。所谓"宜居带"，就是一片以恒星为中心的环带状区域中，宜居带中的行星表面接收到的恒星辐射刚好足以维持液态水的存在：既不会太热，导致水蒸发，也不会太冷，导致水结冰。此外，我们还发现，有相当一部分位于宜居带中的系外行星是岩石行星，而非气态行星，因而具备孕育生命的条件。看来，柯克船长可以造访很多地方。

在未来20年中，我们还会建造威力更加强大的观测设备。有了它们，科学家们就能研究这些遥远系外行星大气中包含的气体成分，从而掌握更多有关它们是否适宜孕育生命的信息。你可能会好奇，用望远镜观测那么远的地方，真能得到那么多的信息吗？不用向那些行星上发送探测器采集大气化学样本吗？这是怎么做到的？我们可以借助人类早就发明的光谱学技术。这种技术可以通过目标发射、反射或是吸收的光确定其物质组成。就系外行星这个例子来说，我们感兴趣的是那些望远镜捕捉不到的光。恒星的光在穿过行星大气时，某些特定波长的光会被行星所含的某些气体吸收。这些缺失的光在光谱中形成了一个低谷，这表明系外行星大气中存在某些气体，因而堪称这些气体的指纹。举个例子，如果望远镜收集到的光谱缺失的波长与氧气对应，那我们就知道目标行星大气中含有氧气。借助这种方法，科学家们就能通过检视遥远星光的完整光谱，知晓目标行星大气的组成。

我们发现了很多期待中的岩石行星大气组分，比如二氧化碳和氮气。如果走运，我们还会侦测到水的蛛丝马迹。发现大气中含有许多水的系外行星着实令我们兴奋，因为这很可能意味着它的地表也拥有大量水，甚至有可能孕育生命的海洋。

等找到表明目标系外行星宜居性的气体固然重要，但我们不该止步于此。我们还可以寻找那些能够直接表明生命存在的气体。为了找到地外生命，我们必须找到那些只有生物才能释放的气体。这可不是一个轻易就能完成的任务，因为很多生化过程产生的气体也同样可以由纯粹的地质学过程产生，所以这类气体并非可靠的"指纹"。饶是如此，有些气体还是能给我们带来希望的，比如氧气。氧气是光合作用的产物，如果我们在系外行星大气中发现了氧气，那就强有力地表明那颗行星上存在生物学活动。在我们的地球大气中，含氧量高达21%，这些你我呼吸所必需的气体是产氧细菌、藻类和植物共同努力的结果。这些生物都会吸收阳光、加工二氧化碳，生产生长所需的糖分，并在这个过程中以废料的形式排出氧气。如果真的能在系外行星大气中发现类似含量的氧气，那整个科学界都可能欢欣雀跃。

只是可能。遗憾的是，哪怕是大气中的氧气含量高也不能保证目标系外行星上就一定存在生物，因为有很多与生化过程无关的途径也同样能产生大量氧气，比如：用强辐射分解足量水，就能产生氢气和氧气。以这种方式产生的氧气一多就容易被误认为生命作用的产物。不过，只要做好充分准备，再小心谨慎地使用计算机模型，我们就能精确地计算出在何种情况下会探测到这种所谓的"假阳性"生命信号，从而及时剔除这些干扰信息。

柯克船长面临的问题在于，即便我们真的在一颗宜居系外行星上发现了氧气，那也并不意味着那颗星球上生活着智慧生命。毫无疑问，对像人类这样的智慧生物来说，氧气至关重要、不可或缺，我们需要借助氧气从周遭环境中汲取能量。然而，一颗拥有氧气和生命的行星上可能只生活着一些能够生产出这种气体的细菌而已，离克林贡人[①]还远着呢。

　　像人类这样的文明，或许真的是宇宙中的稀缺品。那么，我们是否应该因此而感到失望？其实无论应不应该，这个残酷的现实一定会让我们感到失望。我会失望，你肯定也会。这是一种强烈的人类反应。我们渴望知道自己并不孤单，渴望加入一个星际大文明，渴望未来同外星人展开各种各样、永不休止、发人深省的对话。这种情感没有任何问题，正是这种情感促使人类文明持续探索宇宙，奋力完成《星际迷航》中的使命——寻找陌生的新世界和新文明。

　　当然，要想证明宇宙其他地方都不存在外星生命（无论是否具备智慧），都是相当困难的，实际上也不可能做到。我们怎么知道，远在数十亿光年之外的某颗行星上就一定没有世外桃源般的外星文明？假如我们搜寻了成千上万颗像地球这样拥有所有生命组件的星球，以及银河系内最有可能孕育生命的所有星球，结果却还是一无所获，那意味着什么呢？

　　首先，有一个结论显而易见：智慧文明相当少见。除此之外，我们可以仔细调查这些行星，查证它们上面是否生存着或者曾经生存过一些生物，哪怕这些生物只是微生物。我们最终或许会发现，虽然没有可以与我们交谈的外星人，但宇宙里到处都

---

① 克林贡人是《星际迷航》中的一个好战外星种族。——译者注

是细菌类生物。这个结果也同样具有相当重要的意义，因为它告诉我们，生命的按键可以比较容易地启动，但从具备复制能力的简单细胞到高等生命形式，再到智慧物种的生命进化之旅则很罕见。这一路上的某些条件可能很难达到。

不过，我们同样可能发现，自己生活的这个宇宙到处都有可以孕育生命的行星，但它们中的大多数甚至全部，都没有一点儿生命迹象。也就是说，这是一个充斥着宜居星球却了无生气的宇宙。如果真的出现这个结果，那必定令我们大跌眼镜。这个结果本身就意味着，虽然孕育生命的条件很容易满足，但那一系列将化学物质转化成具备自我复制能力和进化能力的高等生命形式的事件却极少出现。如果事实的确如此，那么智慧生命或许可以比较轻松地从微生物演化出来，但微生物本身却相当罕见。反过来说，这意味着生命的出现需要极为苛刻的条件，很少会出现（除了我们人类这个仅有的例子）。

或许，没有几种模式能让宇宙中充斥着各种智慧物种。相较之下，促使宇宙一片寂静、鲜有智慧物种的模式就更多了。每一种模式都能告诉我们很多有关生命起源的信息，比如生命出现的概率有多高，什么样的事件和巧合会阻碍智慧生命的诞生。地球生命的起源会是一个堪比奇迹的事件吗？复杂多细胞生物的出现会不会真的不同寻常？孕育智慧生命的条件是否极为特别？

要想以一种有意义的方式解决这些问题，我们就必须前往其他星球，寻找外星生命，乃至外星智慧生命。只有这样，我们才可能获取足够的信息，从而推导出足够坚实的结论。这就是说，即便柯克船长从未痴迷于寻找外星智慧文明，他也能收获良多。如果他能把目标扩大到那些没有任何生命的世界，甚至那些仅拥有原始有机物的世界，那么他的科学研究就会更加丰富。那时，企业号飞船才算是真正踏上了探索生命起源之旅。对于《星际迷航》的观众来说，这幅愿景似乎有点儿过于平常了，但我敢肯定企业号飞船上那个耳朵尖尖、科学思维发达的瓦肯人斯波克一定赞同这个观点。科学并不以满足幻想和愿望为目标。科学的任务是通过验证假说探寻宇宙真相。

叫我讨厌鬼吧，但我真的一直认为，企业号飞船的所谓科学研究简直是一团糟。与其让联邦星际舰队对或许根本不存在的外星文明怀有过高希望，不如，让柯克船长在航行日志上记录："太空，最后的前线。这是企业号飞船的航行报告。它的任务为期5年，具体职责是探索那些陌生的新世界，检验有关外星生命的假说是否正确，深入研究究竟是什么因素让某些星球孕育了微生物，又是什么因素让某些星球成了不毛之地。勇敢地奔赴那些此前从未有人涉足的地域。"不过我觉得，如果我是编剧，写出这样的剧本就会被辞退。

找到宇宙中的其他文明会是一件惊世骇俗的成果，我们不要盲目地抛弃这种希望，但也不要盲目地任人类的想象力驰骋。此外，我们还得牢记，无论我们能否在宇宙中找到同类，最后的结果都能告诉我们许多有关自身起源和人类在宇宙中地位的信息。

即便最后真的发现宇宙无比寂静，人类的确孤单，那也能极大程度地扩展我们的认知。如果能够按照科学方法严谨行事，那么即便柯克船长和他的船员们最后空手而归，他们的 5 年任务也仍会收获丰硕的成果。

从很多方面来说，火星表面环境都很极端。在这张由美国国家航空航天局好奇号火星车拍摄的合成照片中，火星车在这颗红色行星布满辐射的干燥砂石地表上留下了车痕。

第 12 章

火星上住得了人吗？

乘坐出租车去约克郡博尔比矿场，到那里的地下实验室监督行星探索漫游车测试。

20分钟过去了，我们仍在北约克沼泽国家公园中穿行，我和司机先生的对话也开始变得有趣起来。不要误会我的意思，这儿的风景美得令人窒息，但在这个前不着村后不着店的地方，聊天确实是一个打发时间的好方法。

"这里的环境好美，"我说道，"但更令人惊奇的是，我们竟然能在这么偏僻的地方快速前进。我的意思是说，万一我们的车在这里抛锚了，那一定会很痛苦。"

司机先生点了点头。"太对了，"他大笑着说。司机先生是一位中年男子，口音不像是约克郡本地人，更像来自南边一点儿的地方。他穿着一件蓝色衬衫，戴着一副蓝框眼镜，手臂枕在打开的车窗上，手指敲击着车窗外沿。

此刻，我在去往博尔比矿场的路上。那是一座深入地表之下不到1.6千米，总长却达到1 000千米的地下迷宫。在过去几年里，我和同事们一直在那儿测试漫游车以及其他一些太空探索技术。如果你愿意的话，可以把那里看作约克郡地表之下的一小块火星地面。有那么一段时间，这个矿场里藏着全世界最令人印象深刻的地下科学实验室之一。这座装有空调的极净实验室位于拥有25亿年历史的盐矿隧道中，有点儿像是科幻电影里才有的设施。科学家在这里搜寻神秘的暗物质——目前的主流科学观点认为，暗物质是宇宙的重要组成部分。这些隧道里栖息着各种微生物，它们缓慢地咀嚼着盐矿里的古老食物，早已学会了如何在永恒的黑暗中生活。宇宙学家们利用隧道的深度阻隔辐射和四处游荡的粒子，以防它们给搜寻暗物质的仪器造成干扰，而我们这些研究生命的人则对生活在这种环境卜的微生物更感兴趣。

我们已经发现，火星上也有古老的盐矿——盐分会严重破坏照相机、环境监测器以及其他设备。因此，在像博尔比矿场这样的地方测试准备送往火星的实验设备确实很有意义，我们要确保它们能在这样的含盐环境中正常工作。但另一方面，那些适用于太空环境的小体积、轻质量的耐用仪器也可以提升地球上的采矿技术，借助它们，我们或许能够更清洁、更充分地开发地球上的珍稀资源。换句话说，在博尔比矿场深处，太空探索和一项地球环境挑战——更有效的可持续矿藏开采——殊途同归了。为此，美国国家航空航天局、欧洲航天局和印度空间研究组织（这次测试的漫游车就是这所机构制造的）的研究团队在这里相聚。这里甚至还接待过一名宇航员，他来这儿学习如何分辨并刮除矿物上的含盐析出物，为在未来的行星探索任务中收集矿物样品做准备。这是他全部训练计划的一部分。这种既能享受太空探索的乐趣，又能解决地球现实问题的研究令人震撼且激动。

"那个地方不错，"司机先生也赞同我的观点，同时扫了一眼前方的沼泽，"但给人的感觉就像是另一个世界。"他犯了一个可怕的错误，出租车司机经常在我面前犯这个错误，那就是给了我一个喋喋不休讨论火星的话头。对我来说，"另一个世界"这个说法就像是公牛面前的红布。我马上打开话匣子了。

"说起其他世界，"我接过话茬儿，"你真的愿意去其他世界吗？比如火星？"

"那儿很冷，对吧？比约克郡要冷多了。我不敢说自己会欣然接受这个机会，但的确有这个可能。实际上，如今人类的脚步已经遍布地球的每个角落，没有哪儿是去不了的。所以，我觉得我们都会去火星，并且在那里安家。或许，未来的某一天，我们还会在火星上建立城市。不过，肯定不是约克郡的样子。"他回答说。司机先生的最后一句评论，那种可能与肯定之间的强烈对比，让我印象深刻。

"在火星上安家，"我说道，"你会这么做吗？"

"绝对不会，"他强调说，"那些是亿万富翁们的保留节目。对我来说实在太遥远了，而且我很喜欢约克郡。"

对像我这样一谈起火星就兴奋的人来说，司机先生这个简简单单的回答很是令人沮丧。那种感觉就像是发现和共进晚餐的伙伴没有任何共同语言，而且所有与火星、太空有关的话题都要就此打住。不过，司机先生的回答并不只是对火星不感兴趣。在这番美景中穿梭的时候，我突然想到，约克郡其实就是司机先生想去的地方。无论他对火星怎么看，有一点都是肯定的：他非常满意地球上的这个地方。看看周围如画般的风景吧，有谁能指摘他的这个想法呢？约克郡就是他的家。

火星上的家园——这个短语会让人联想到宇宙飞船、颇有未来感的宇航服，甚至是家庭宠物狗穿的小衣服。在火星上开辟新疆域，这是几代地球人的梦想。他们可以说是未来的地外文明的清教徒。背井离乡的生活起初总会很艰难，但随着越来越多的人涌向这颗红色行星的明亮高地，情况就会逐渐好转。另外，到时候你就是建立这一切的火星移民元老之一了。有谁能拒绝这个发现新世界的机会？有谁能拒绝这个在遥远国度上建立人类文明分支的机会？这简直就是最早的美洲殖民浪潮在21世纪的重演，而且还不用背上毁灭当地原住民的巨大道德负罪感（没有任何证据表明火星上存在智慧文明）。火星是一片无须背负道德压力的疆域，也是人类走向宇宙的必经之地。

火星上的生活可能与西部荒蛮之地有些类似。背井离乡的生活绝不轻松，需要发挥人类的聪明才智，好在我们知道怎么去做。举个例子，利用火星大气中的原料就能生产燃料，前提是你必须抛弃对天然气和石油等碳氢化合物的执念。就我们目前所知，火星上没有能够生产这类化石燃料的古代生物圈，所以就不要妄想在火星地表下钻出石油了。不过，火星大气中的二氧化碳含量很高，这倒可以成为我们的原料。你可以设法把它们收集起来，然后与氢气（用电分解水就能得到氢气，而电可以通过风能或核能转化得到）混合，再加上一点儿金属催化剂并缓慢加热，最后就能得到甲烷。将甲烷气体液化并且同氧气（同样可以通过二氧化碳获得）混合以后，你就有了可以在炉火、火堆中燃烧的燃料。当然，你也可以给你的火星漫游车加满液体甲烷，然后让它载着你横跨这颗红色行星。

这样的生活充满了田园气息。在寒冷的火星冬日里，一家人围坐在甲烷火堆旁，微弱的火星风在吹过他们栖息点周边的时候发出嗡嗡的声音，孩子们在加压车里做着应对第二天极端天气的准备。时间就在他们对地球生活的回忆中慢慢流逝。

这样的场景有点儿像查尔斯·波蒂斯1968年的小说《大地惊雷》，只不过是映衬在人类火星定居点上体现现代技术的银色背景上。远走他乡、直面火星的极端环境条件，这幅图景显然很容易自我演变为一部英雄主义奇幻史诗，对那些渴望在历史上拥有一席之地，渴望回到更本源、更艰苦，也更有活力的生活的人来说，极有吸引力。因此，很多从事太空探索事业的人都顺理成章地把火星疆土看作一个扩张人类梦想的舞台——一种对未来的乐观态度，也是一座展现人类珍贵品质的剧场。

不可否认，这个梦想中的确有一些现实元素。移民火星困难重重，甚至可能要付出一些生命的代价，并且肯定会挑战人类智慧的极限。这项事业需要精英来开拓。此外，移民火星显然不是一朝一夕之功，时间的推移会无情地消磨我们的决心，只有展现出我们性格中最坚韧、最决绝的一面才能应对这项挑战。

不可否认，这个梦想有一定的现实土壤。尤其是，如果我们真的要在火星上安家的话，就一定要竭尽全力。移民火星难度很大，要想克服挑战可能要付出生命的代价，而且肯定需要人类将聪明才智发挥到极致。移民火星需要我们付出一切。火星会无情且反复地挑战我们的决心，迫使我们拿出前所未有的决绝和坚韧。

火星是如此无情，而约克郡是如此温暖，也难怪很多人会赞同这位司机先生的说法了。无论从哪个方面评判，火星环境都非常极端。首先，火星大气只含有极少量（约0.14%）氧气，而二氧化碳含量却高达95%，这对人类来说是致命的。不仅如此，火星大气压也只约占地球的1%。从各种角度看，火星大气都近乎真空，而且对人类来说是有毒的。这就意味着，在火星上人类必须身穿宇航服才能外出，建造的房屋必须高度密封，这样才能让其内部保持压力并且充上含有氧气（氧气是维持生命的必需）的气体。

仅仅这层有毒的大气就让火星与我们的西部荒蛮之地大相径庭。当年那些前往美国西部的早期移民面临的所有恶劣环境条件加在一起，都比不上火星令人窒息的大气给人类活动施加的限制。当然，当时的移民要警惕响尾蛇、山洪暴发以及当地那些怀有敌意的美国原住民，但这些困难并不是无时无刻、无处不在的，而且多多少少可以设法缓解。火星大气就不同了。人类移民一踏上火星，就时刻处在火星大气的笼罩之下，而且它可以在几秒钟之内就置人于死地，一点儿缓和的余地都没有。近乎真空的火星大气笼罩在整个星球上，无论你去往哪里都无法摆脱。火星大气品尝着你的自由感，咀嚼着你的安全感。宇航服面罩上的一条细微裂缝，房屋上的一个小小漏气点，都会让你失去包括生命在内的一切。没有任何地球移民曾遇到过这样的极端条件。

不幸的是，火星环境中还有更多不利于人类生存的因素。即便火星大气杀不死你，望不到尽头的荒凉景象也会让你窒息。火星地表并不总是那么贫瘠。30 多亿年前，火星上也曾有江河湖海，这些水体及其蜿蜒曲折的支流在火星地表上留下了它们曾经存在的证据。轨道飞行器已经拍摄到了火星古代湖泊、峡谷、洼地的细节照片，它们都表明这颗红色行星昔日的环境状况与如今大为不同。当初，火星北半球可能还有一片海洋，但没过多久，火星就冷却了，于是一切都变了。很久之前，地球也经历了冷却阶段。正是在这个过程中，地球从火山喷发不断的青春期过渡到了如今更加温和且适宜我们人类生活的成年期。不过，地球的冷却过程要比火星慢得多，地球如今能拥有如此适宜生命成长的大气层以及如此丰富多彩的生态圈（与火星形成鲜明对比），与这一点息息相关。火星直径大概只有地球的1/2。做个类比，同样是刚出炉，小圆面包变凉的速度要比一大片面包快得多。火星与地球的冷却也是类似的情况。火星很快就耗散了维持行星熔融内核翻腾、流动所需的热量。于是，火星就失去了磁场发动机，自然也就失去了磁场。火星大气便直接暴露于太阳风之下，毫无保护地任凭各种粒子、小行星和彗星轰击。地球当然也会受到类似的轰击，但它的内核依旧躁动不安，于是就形成了足以将大多数宇宙粒子散射出去的磁场。大多数小行星和彗星也在与地球大气的摩擦过程中燃烧殆尽了。火星则不然，太阳辐射把毫无保护的火星大气撕成粉碎，绝大多数大气成分最终都逃散到了宇宙空间中。小行星和彗星在撞击火星时，也会加热大气中的气体，这更是加速了它们的耗散。大气变薄之后，火星大气压也随之下降，使得地表上不可能存在液态水：水会在火星地表上结成冰。

　　剩下的就只是裸露在外的干燥火星岩石。千万年来，无情的火星风不断地磨蚀着它们，小岩石碎片散布在火星地表，给这颗行星染上了红色。如今，火星成了一片覆盖着赭色尘土的广袤沙漠。无论是撒哈拉沙漠、莫哈维沙漠，还是纳米布沙漠，都无法同火星上这片无所不包的行星级沙漠相提并论。我们或许可以在那些被严重侵蚀的火星岩石中找到下述问题的答案：在火星地表上仍有水体流淌的遥远过去，是否曾有生命栖息在江河湖海中？它们后来是否因为火星地表水的枯竭，被迫集中到残留的地表水体中，并且最后随着液态水的消失而彻底消亡？或许，它们今天仍以某种形式生活在火星地表之下。正是这种令人无法拒绝的可能吸引着一代又一代科学家和探险家，并且会在未来某一天推动他们亲自登上火星一探究竟。

不过，火星究竟是否拥有微生物，火星岩石之下是否存在透着生命气息的微观世界，对于围坐在甲烷火堆旁的欢乐火星开荒队来说并不重要。对他们来说，火星的历史遗产简直可以说是一穷二白。那里没有江河湖海，连一口可供他们在漫长火星地表穿梭之旅中掬水饮用的冒泡泉水都没有。火星上也没有植物，这片沙漠上甚至见不到一株枯萎的风滚草。没有水，也没有生命。在致命大气的笼罩下，火星比地球上最没有生机的沙漠还要死气沉沉。哪怕是在撒哈拉沙漠，面临着即将因为饥饿和口渴而死亡的困境，你至少可以在见上帝之前吸上一口新鲜口气。但在火星上，什么都没有，语言无法表达火星环境到底有多么极端。

此时，出租车在各种小路上穿梭，原本空旷无边的荒野也零星出现了一些人类居所。右手边的拐角处出现了一家乡村商店，外面站着3个人，旁边还立着一个属于上一个时代的老式红色电话亭。我想知道，虽然司机先生本人对移民火星并不感兴趣，但是从人类整体的角度看，把火星开发成新家园，他会有什么看法。"我不想强迫你接受这个观点，"我说道，"你觉得火星会是人类探索之旅的又一个前沿吗？你觉得火星会成为我们人类的第二家园吗？我也赞同那儿不可能成为约克郡，没有这么美的风景，不过……"

"为什么不会呢？"他说，"其他地方我们都去过了。只要我们下定决心做什么事，就能成功，所以我觉得大家会去的。他们肯定找到了一些自愿去火星并在那儿定居的志愿者了吧？没错儿，火星会成为第二家园的。就是这样，对吧？那里是适合我们迁移过去的第二个家园。不过，火星还是太冷了，我还是更喜欢约克郡一点儿。"

这一次，他的回答显然要乐观一些，但显然，约克郡在他心里还是远胜火星，我也很理解其中的原因。火星的确在向我们招手，但哪里能和万紫千红的北约克国家沼泽公园比呢？那儿有毛毡、石南、蔓越莓吗？这片微风吹拂的英格兰北部绿洲上还有鸻、灰背隼、杜鹃和麻鹬飞掠而过，火星上有吗？我的思绪来回飘荡，从沼泽公园飘向火星，又从火星飘回沼泽公园。

约克郡肯定不是一个温暖的天堂，但连司机先生都知道，火星相较之下更是糟透了。地球浓厚的大气层产生了显著的温室效应，它就像一条温暖的毯子舒适地包裹着我们，让我们免受宇宙酷寒的煎熬。然而，火星大气实在太过稀薄，完全起不到类似的作用。因此，火星移民们还要面对极端温度的考验。火星的赤道地区完全沐浴在强烈阳光下时，温度可以超过20摄氏度，这个温度应该算是相当宜人了。与此同时，火星的另一端，也就是两极地区，就是一片严寒了。总的来说，火星地表的平均温度大约是零下60摄氏度，而两极的冰盖地区温度可以低至刺骨的零下150摄氏度，即便是按地球北极圈的标准来看，这也算得上是酷寒了。即便平行世界中的火星拥有浓密的大气、河流和森林，光是这样的极端温度，也比最早移民美国西部的开拓者们需要克服的困难更加棘手。

此外，人类移民居住在荒凉、寒冷的火星沙漠中还要面对一个看不到的敌人：太阳辐射。由于几乎不含一点儿氧气，火星显然也没有能够屏蔽大部分太阳紫外线的臭氧层保护罩。在火星地表，你晒黑的速度会比在地球上快1 000倍。当然，如果你真的被暴晒的话，还没到享受日光浴的时候就已经因窒息而死了。不过，你还是得知道，这种强度的辐射水平会让塑料降解，让各种材料的强度变弱，还会杀死你种植的那些没有采取任何防护措施的农作物。

此外，还有一些无声入侵者也会搭便车来到火星。来自太阳和银河系其他地方的质子流和高能离子流会畅通无阻地涌向火星地表。在地球上，大气层和磁场把大部分这些不速之客阻挡在了外面。所以，我们在地球地表上遭受的宇宙高能粒子攻击强度不到火星上的1%。然而，在火星上，这些粒子积年累月地堆积起来，人体癌变或遭受辐射损伤的概率大大增加。火星环境将缓慢、无声，但也无情地吞噬你的脱氧核糖核酸。

不过，第一批开拓美洲大陆的人类移民者面临的危险中有一些是火星上没有的。接下去，我就来介绍一下，以免你觉得我前面写的内容有些危言耸听。首先，火星上可没有手持长矛利剑、随时准备发动夜袭的原住民。我们的火星开拓者晚上倒是可以安稳地睡个好觉。其次，火星上也没有那种能够破坏农作物和人类居所的暴风雨或飓风。再次，火星的地质活动也相对不活跃。所以，火星移民也不会受到火山喷发和地震的袭扰。显然，这并不意味着火星上的自然环境有多么宜人。实际上，除了前面提过的各种困难之外，火星上席卷整个星球的尘暴会把红色粉尘撒向每一个角落。

除了物理层面的困难之外，火星肯定也会对人类移民的心理健康提出巨大挑战。从他们的火星栖息地向外望去，目力所及之处都是红色，偶尔看到一点儿橙色之后，就是更多的红色，一直通向橙红色的天空。在表层土壤之下，你或许就能看到构成火星地表的灰色未风化玄武岩，它们原来就藏在火星地表的红色尘埃之下。然而，对这些火星移民来说，地球上的蓝天、郁郁葱葱的绿色树木、春季百花齐放时的五光十色，都只能在计算机屏幕、人工培育的蔬果大棚以及窗台上孤零零的一盆植物中看到。而窗外，只有无止境的红色。你能忍受这种一成不变的荒凉吗？

　　对科学家来说，这颗死寂的红色星球是人类的未来，是巨大的希望所在。对那些期望查明火星是否曾经拥有生命的人来说，这颗星球就是一片等待他们光临的岩石操场——其中大部分岩石都已有30多亿年的历史。在地球上，这么古老的岩石大部分早就毁于板块运动了。但火星是永远不可能经历这样的地质活动的，这使得火星这颗红色行星成为观察行星形成之初的地质学过程（可能还有生物学过程）的一扇窗户。如果我们最后发现火星上没有生命，那么就会出现一个同样有意思的问题：既然火星和地球这两颗行星都有岩石和水，那么为什么地球上生机盎然，火星却一片荒芜？为了得到这个问题的答案，包括我在内的许多有信仰的科学家都会愿意前往火星一探究竟。

　　或许，背包客们也会乐意体验这片广袤的沙漠。他们曾徒步穿越撒哈拉沙漠，开着四驱车进入死亡谷，骑上骆驼横穿纳米比沙漠。毫无疑问，他们肯定也愿意坐上加压火星漫游车的后座，跨越火星的埃律西昂大平原，一窥深达5千米的水手大峡谷，又或者站在火星地表上，凝视远方一望无际的白色荒原，那里是火星的北极冰盖。没错，你可以很自然地想象，肯定有很多敢于冒险的背包客来到火星，丰富他们的旅行体验清单。不过，你同样也可以想象，他们在火星上待了一两周后，就准备返回地球了。没有哪一个穿越了撒哈拉沙漠的背包客会愿意放弃舒适的家园，留在沙漠里度过余生。同样，火星也不太可能成为他们的又一个家园。相反，促使他们前往火星的是那种机会难得、成本高昂的新奇体验感。

　　那么，如果从经济利益角度出发，怀着开发火星资源的目的前往火星，情况又会怎么样呢？不得不承认，一旦涉及经济因素，情况就变得很难预测了。在财富的诱惑下，人类会无比疯狂。万一火星地表尘土之下埋藏了一些颇有经济价值的东西呢？我们不清楚火星上是否会有某些矿物或者稀有矿石能引发淘金热，吸引大批地球淘金者前去。谁都不知道会不会出现这样的情况，但的确有可能出现。火星也可以充当中间站，支持在其他太阳系天体上开展经济活动，比如开采火星与木星间的小行星带蕴藏的丰富的铂族元素、铁矿石和水资源。毕竟，相比于太阳系这片区域中的其他天体，火星还算是保存得比较完好的。矿业公司可能会向火星上派遣工人、运输设备。

　　即便如此，也很难想象人类真的会在火星这片岩石沙漠中扎下根来。最有可能的或许还是短期暂住。我们可以想象这样一幅画面：在火星上一个人类栖息地的酒吧里，科学家、游客和矿工聚在一起。他们来到火星的目的各不相同，但此刻都带着喝一杯的想法聚在此地，结下了共处极端环境下人类孤岛的同事之谊。不过，他们都会在完成目标之后就离开火星，不会过多停留。游客们直接在旅程结束后飞回地球，矿工们也会在结束这个班次的工作后离开。科学家更辛苦，他们可能会待到资金耗尽的那一天。由于现在还从没有人去过火星，这颗星球上的沙子都

带着浪漫气息。不过，一旦体验过了火星环境，我们的想法就会
改变。

　　看看目前地球的状况，很难相信火星房地产会有多少潜力。
目前在地球上，加拿大高纬度北极地区的人口密度大约是每平方
千米0.02人。而伦敦的人口密度大约是每平方千米1 500人。为
什么差异如此巨大？或许有人会提到北极地区难以前往这样的答
案。或许有人会觉得，只要加拿大政府发布政策鼓励移民北极地
区，比如给予前去那里的移民加拿大公民身份并提供财政补贴，
就能解决这个问题。不过，我认为这还远远不够。哪怕有人解决
了所有后勤问题，建好了一切便利设施，解决了所有通勤问题，
绝大部分人可能还是更愿意待在自己原来的地方——宁愿支付高
额房租来享受伦敦的便利——而不是选择加拿大北部零下40摄氏
度的寒冷冬天以及贫瘠地貌。

　　对于像因纽特人这样的民族来说，环境条件极端的北极地区
就是他们的家园，但大多数人在本质上是亚热带动物，怎么都不
会愿意搬家去努勒维特①，更不用说去火星定居了。要知道，相比
火星，努勒维特可以算得上天堂了。北半球高纬度地区至少还是
一个大气可以呼吸的地方，也有大量野生动植物可以让人保持愉
悦的心情。水也不难获得，辐射水平基本上也和地球其他地方一
样。因此，相比火星，即便是地球上环境最为严酷的北极寒冷荒

---

① 努勒维特是加拿大最北部的地区，属于极地，人口稀少且大部分是因纽特
　人。——译者注

漠地区，生活都肉眼可见地更加安全、更加丰富多彩。虽然北极地区的大气环境导致这个地方大风不断、寒冷刺骨，但至少不会让你大口呼吸就会窒息而死。

就算我们忘记了地球北极地区之于火星的所有优势，权且认为火星环境基本与北极相当，并且假定人类前往火星的交通复杂程度也和人们如今坐飞机、坐船前往地球极北地区相当，那么以目前北极地区的人口密度推算，整个火星的全部居民加在一起也不会超过300万。这个数字只是地球总人口的0.04%。这样算来，与其说火星是人类的新家园，不如把这颗星球看作人类的新前哨站，看作我们向太阳系扩张途中的一个新分支。就像第7章中介绍的那样，人类会成为所谓的"多行星物种"，但就文明程度来说，火星人类社会极难和地球相比。

不过，我怀疑等到人类真的在技术上有可能移民火星的那天，很多人都会在火星之梦的驱使下付诸行动。但我同样认为，没有多少人去了之后会愿意留在那儿。一旦新鲜感消退，又有多少人在远眺那片布满红色尘埃的尢垠巨石平原时，不会渴望地球上的虫鸣鸟啼、风霜雨雪、春耕秋种？乐观主义者和不安于地球现状的人可能会继续待在那儿，但他们中有谁会真正把火星当作家园？

作为一名科学家，我不禁为火星现在的图像、地貌以及当年地表水体充沛的景象所吸引。我想尽可能多地了解一切有关火星的知识。然而，我也坚定地认为，在遥远的未来，等到许多人冒险踏上那颗星球的那一天，他们的反应会像拖着雪橇在茫茫白色雪原上跋涉两个半月后抵达南极的罗伯特·法尔肯·斯科特上校一样。他当时感叹说："伟大的上帝啊，这地方真可怕。"我绝对相信，未来的火星探险者们也会说出类似的话。我甚至怀疑，他们中的有些人会继续说道："还是带我回约克郡吧。"

人们想象中的月球基地总是很酷炫、很有未来风，图中展示了美国国家航空航天局的一项设计。可是，太空移民是一个各项事务高度受限的群体。他们不得不束缚在密不透风的基地内，呼吸着机器生产的氧气，同时还要依靠永远不能出错的其他生命支持系统和安全系统。他们能在这样的基地中享有多大的自由？

第13章

太空里的社会形态会是什么样?

参加完一个讨论科研论文的会议后,乘坐出租车从韦弗利前往布伦茨菲尔德大道。

"你是做什么的?"驶入市场大街后,司机先生问我。他显然不是一个安分的人,时不时地拨弄仪表盘上贴着的那些纸条,身体也总是扭来扭去,似乎永远都在调整姿势,但就是找不到舒服的位置。他穿着一件宽松的大码黑色T恤衫,棕色头发又短又硬,眼睛时常看向后视镜,似乎是期待同我讲话。

此时的我有些疲倦,并不是那么想说话,便在稍微介绍了一下自己的工作后,就把话头抛给了他。

"如果有机会的话,你会不会去太空?"我问道。

"我觉得我会。那就真的可以摆脱这里的一切了。哪怕只是去那儿待上一阵，而不是去那儿定居。"他回答说。

对于这种逃离残破地球的避世想法，我在前文中已经阐述了我的反对意见，因此这里就没有必要复述了。不过，这位司机先生想的似乎不是逃离这个已经走向衰败的星球，而是把前往太空看作一个在其他地方尝试新生活方式的机会，哪怕只能尝试一小段时间。毫无疑问，这种"太空社会与地球社会截然不同"的想法很普遍。毕竟，好莱坞的科幻电影一直在助长我们对逃离现状的向往。像《星球大战》和《阿凡达》这样的电影把宇宙变成了我们幻想的游乐场、任我们想象力驰骋的广阔疆域。这类作品中的宇宙和世界全部出自我们自己的想象，恰恰反映了我们的希望和恐惧。在这样的作品中，太空社会可能是某种形式的乌托邦，也可能充斥着邪恶。偶尔还会有天才作家设计出复杂度和深度与人类现实社会相匹敌的宇宙文明。这些娱乐作品提出了一个很有意思的问题：太空中的社会究竟是什么样的？在其中生活会有怎样的感受？我觉得有必要听听这位司机先生的看法。

"不过，你真的觉得自己能逃脱某些事情吗？要知道，太空的环境实在是太极端了，而你其实需要其他很多人的支持才能活下去。"我说道。

"我知道要去太空，就得被关在一个金属罐里，不过，到了那里就能摆脱这里的所有麻烦了，对吧？"他坚称。

"但是，说不定，你在太空会遇到更多的麻烦。而且，哪怕

地球一团糟，但相比在金属罐里碰到的麻烦事，你说不定很快就
会想念地球。"我继续试探着问道。

他沉默了一会儿。这段时间里车内唯一的声响就是我们转进
布伦茨菲尔德广场时仪表盘里的咔嗒声。

最后，他终于开口说话了。"你说得肯定没错，"他承认，"我
很可能马上就会想家，但至少在那一段时间里，我到了一个不同
的地方，有了一些与众不同的体验。"

这番话充分说明了"逃跑主义"对人类的吸引力有多么大且
多么持久，这倒是让我很感兴趣。即使必须面对一个任何人都不
想在里面待上哪怕一分钟的金属罐头——而且里面也确实不会有
其他人——人们都会被逃跑主义所吸引，就像塞壬之歌一样吸引
着飘荡的灵魂。

在地球上，人类文明社会大约已经发展了 10 000 年，社会、
政治和经济方面的努力形成了根深蒂固的思想和观点。它们的表
现形式虽然多种多样，但都受到人类在地球上的各种经历的束
缚。因此，对于那些想要抛下这一切，展开全新生活的人来说，
选择太空作为逃避方式似乎也不是什么特别值得惊讶的事。毕
竟，太空提供了一种可能，这是一种在地球上无处可寻的全新社
会。在很多人的想象中，太空这片人类探索之旅中的前沿阵地，
有一抹极乐世界的色彩。

当知名影视作品《星际迷航》中的柯克船长宣布其探索未
知新世界、寻找新文明的任务时，展现在我们眼前的是一幅星际

旅行的乌托邦式未来图景。在这样的未来世界中，日常经济生活中的种种琐事都消失不见，与姻亲和税务官之间的斗智斗勇也不复存在，我们要思考的只是如何探索太空新疆域。因此，这么多人把太空看作解决现有问题的终极灵丹妙药，似乎并不奇怪。在他们眼中，向太空进军这个行为本身就意味着解放。可是，这幅愿景实现的可能性有多大？如果有朝一日，人类真的成为星际生物，那么我们在地球之外的社会究竟是自由社会还是专制社会？什么样的政府形式才是最好的？

这样的问题显然缺少了"逃跑主义"幻想的浪漫气息，但我们确实不应该假装宇宙中不存在政治。虽然政治似乎与外星人相去甚远，但人类构建的社会显然很大程度上与一些更为宏大的议题相关，比如宇宙中的生命，以及生命（尤其是我们人类）如何适应星际生活。人类进入太空的时候也一定会带着一些由来已久的问题，比如如何管理人类群体本身，如何构建运转良好的社会。在太空或是其他星球生活的问题非常宏大。首先，无论你去往太空中的哪个角落，坏境条件都会很严酷。因此，如果没有大量技术、设备、人力的支持，任何人都不可能独自在太空中生活。

就我们目前所知，在没有大量技术支持的前提下，人类不可能在地球之外的任何行星（至少太阳系中没有）上自如地站立、呼吸。这个简单的事实立刻就能让我们意识到关键所在。要想在宇宙中的其他地方生存，就一定要有一个体系，能为我们提供必要的补给，满足我们的最低生存需求。虽然这的确很难，但并非不可能，这才是关键。在距我们最近的天体月球上，我们可以通过水获取氧气。而且，我们已经在月球的南极地区发现了水。这些水位于极深的环形山中，与始终照不到太阳的土壤混在一起，因而不会在阳光的照耀下蒸发。我们可以把这些泥土挖出来，用加热的方式提取出其中的水分，然后再净化。之后，这些水就能进入电解流程，即用电流把水分解成氢气和氧气。氧气当然可以供我们呼吸，而氢气也可以用于各种工业项目。于是，我们就解决了呼吸问题，还顺便制备了一些工业原料。

你应该立刻会意识到，从氧原子源头到可以供我们呼吸的新鲜空气，这个相当复杂的过程需要很多人参与。首先，我们需要一些人前往岩石遍布、毫无亮光的月球环形山荒地中，他们要在那儿挖出含水的土壤。当然，我们可以让机器人做这个工作以消除部分危险，但机器人仍旧需要人类操作、监督，并且还要给它们准备备用零件。无论我们选择怎么开展这项工作，都需要协作、努力和时间。等到挖出含水的土壤后，还得有人监督这些原材料的收集和加工流程，以保证从土壤中顺利汲取出水分，并妥善完成净水工作。之后，还要有另一组技术人员负责监督把这些净化过的水运送到电解部门并且制取氧气的过程。接着，我们还必须使用管道把生产出来的氧气运送到人们生活的定居点和各种工作场所。当然，还需要有人频繁检修这些管道。

人类在地球上的生活非常依赖水与电力，在月球上，对氧的需求只会有过之而无不及。没有水和电，生活很快就会变得悲惨起来。对于有些人来说，甚至性命攸关，比如依靠呼吸机才能活下去的病人，对他们来说，停机意味着死亡。不过，大多数人还是能够坚持到水电恢复供应的时候。月球上的氧气供应就不一样了。一旦切断氧气供应，月球居民会立刻死亡。因此，在太空里，氧气其实是一个政治问题。谁掌握了制备氧气的技术，控制了输送氧气的物流，谁就掌握了无上权力。从提取氧气原材料到将其制成可供人类呼吸的空气，再到把氧气输送给每一个人类居民，每一步都为权力的诞生提供了土壤。

这种可能实在太可怕了，因为没有人希望人类未来的宇宙生活比地球社会还让人绝望。纵观人类历史，独裁政权总是特别注重对资源的掌控。食物、金属、水、土地、燃料等资源为那些试图攫取或巩固权力的人提供了渠道。然而，人类历史上还从来没有人有办法控制大众呼吸的空气。在过去，即便面对最为可怕的专制统治，勇敢的反抗者们至少还可以选择逃离。然而，如果连呼吸的空气都被一群政府官员控制了，那就真的没什么反抗能力了。如果你宣扬当权者对氧气的管控导致社会氛围压抑，并以此挑战政府，那么他们可以假惺惺地对你说声抱歉并打开气闸，放你出去在月球表面上走动，享受一两秒的自由。当统治者可以随意支配你的呼气权时，就实现了彻头彻尾的专制统治。

即便是在那些客观条件相对没有那么严酷的行星上，也会出现类似的情况。我们之前提到过，火星拥有大气，但它的大气几乎完全由二氧化碳构成，只有一丁点儿氧气，同样非常致命。只不过，在火星上制取氧气的任务会容易一些，因而有可能摆脱权力的控制。除了像在月球上一样，通过电解水（在火星上则是冰）制取氧气，我们还可以利用化学反应直接分解火星大气中的二氧化碳以生产氧气。或许，移民火星的人最后都会拥有属于自己的二氧化碳分解机器，这样一来，他们就能摆脱对权力的恐惧，但这个愿景显然不会实现得太快。毫无疑问，首先得有机构把这些机器生产出来并完成分配工作，之后还得有相应技术部门定期检修。火星居民仍然会受到氧气生产者的摆布。

前面讨论的还只是空气。实际上，其他人类生存必需品（食物和水）也可以成为撬动权力的杠杆。在月球上，即便只是想种植一株小麦都并非易事。首先，我们必须用一种类似暖棚的东西隔离出一块空间，并且在里面人为营造局部"大气"。因为月亮完全没有大气，而且无论从哪个角度看，这个地方都完全暴露在宇宙的真空中，所以我们使用的这种类暖棚结构必须能够承受足够大的压力，这样我们才能往里面充入作物生长所需的足量空气。之后，我们还必须调节棚内的温度。在月球表面，如果有阳光直射，温度能飙升到100摄氏度以上，但在每两周就会出现一次极夜的时期，温度又会骤降到零下150摄氏度以下。如果任由我们的农作物种子暴露在这种极寒和极热反复交替的极端环境中，它们等不到发芽就会死亡。因此，我们必须精确调控棚内的温度。

　　月球土壤本身倒没有那么糟糕，主要由火山玄武岩构成，富含营养物质。在地球上，火山地区确实也是最为肥沃的土地之一。不过，月球岩石中没有作物生长所需的氮元素，并且它们已经在岁月的侵蚀中变得磨损严重。因此，我们必须想办法改良月球土壤，比如大量施肥，或许还要往肥料里面加入人类的粪便。接着，我们还得妥帖地埋下种子并且及时给冒出的芽浇上足够多的水。通过前面的介绍，想必你已经知晓光是这一步就有多么艰难了。

　　在火星上种植粮食会稍微容易一些。这颗行星的地表上散布着很多冰，大大降低了我们获取水的难度。此外，无论怎么说，火星上还是有大气层的。而且火星大气富含的二氧化碳正是植物苗壮成长的原料。农作物在吸入二氧化碳后可以开展光合作用，把二氧化碳中的碳原子转化成糖以及供养人类的新物质。不过，你不要产生什么错觉，在火星上种植作物的任务仍旧相当艰巨。和月球一样，火星也暴露在高强度辐射之下。在火星上，由于没有臭氧层的保护，涌入火星的太阳紫外辐射焚烧作物的速度要比在地球上快 1 000 倍。因此，我们必须使用玻璃（玻璃天生就具有阻隔有害紫外线的功能）或防紫外线塑料保护这些作物。当然，玻璃和防紫外线塑料都不是轻轻松松就能在太空里生产的。如此种种都意味着，即便你只是想为火星居民增加一片放在简易沙拉中的爽脆莴笋叶，也需要耗费大量的人力、物力。

　　当然，只要愿意，我们是有能力调动这种规模的资源的，而且相关技术也没有超越我们的能力，即便涉及的工具、化学物质和原材料现在不存在，从理论上来讲，我们也完全可以开发出来。更艰巨的挑战在于，在我们要创造的外星社会中，人与人之间必须保持相互依存的关系，否则连生存的必需品都会因产能不足而匮乏。无论是在月球上，还是在火星上，支持人类社会运转下去的生命支持系统都会在很多方面遭受考验。任何个体或组织都能从中找到很多机会操控整个社会需要的基本生活物资供应。

　　一旦生命支持系统受到任何威胁，一切都会岌岌可危。因此，人类在地球之外构建的社会很可能以严密监视和高度服从为特征。这样的社会不容许任何异议和奇思妙想存在，因为哪怕一个螺丝帽的松动，都可能引发灾难。地球上当然也有危险，但与太空中的危险相比，简直不算什么。在地球上，我们可以设立警示牌，提醒人们附近有滚石或涨潮的危险，让大家注意危险。而在太空里，定居点压力设定错误或者气闸密封性不佳都可能会立刻引发大规模死亡。在这样极端的环境下，当权者很轻松地就能让自己的高压统治带上合法性。毕竟，安全总要好过事后追悔——如果有人敢质疑内行人士制定的操作规范，那就是在拿无数人的性命开玩笑，而如果有人真的敢违背这些规范，那等待他的也只有不幸。在当权者的哄骗下，所有人都会自发监督别人，举报任何不符合规定的行为，因为外星环境本身就是整个社会都必须携手面对的共同敌人。如果想要生存下去，所有社会成员都必须全力加入这场斗争中。异见分子只能招来死亡。

地外星球环境的极端严酷性很有可能会催生民众的某种默许态度。相比鼓动异见，他们更有可能服从工程师及当局政府。在这样的社会中，个人主义很有可能会不复存在，因为公众别无选择，只能听从那些掌握着他们命脉的当权者。约翰·洛克和约翰·斯图尔特·密尔等政治哲学家都奉行政治自由主义，即将公民自治视为美好生活和开放社会的基础，而在太空中的极端环境中孕育的人类社会很有可能与政治自由主义背道而驰。事实证明，公民自主权也高度依赖于客观环境。然而，这种不加干涉的政治风气可能只在地球环境中才比较容易实现。毕竟，在地球上，食物和水相对容易获取，供我们呼吸的空气则可以无限供应。正是因为这样，个人才有了独立于他人生活的可能。而在连这些生活必需品都需要靠同他人紧密合作才能获取的地外星球，按照个人喜好独自行事的机会就大大减少了。

因为自由在地外环境中天然受限，所以通往威权主义的大门就敞开了。人类定居点的管理者会设立许多唯命是从的附属机构，在专制之路上越走越远。谁能阻止他们通过对资源的掌握获取忠诚？这样的专制社会甚至不需要给社会成员施加任何证件之类的无形限制，也不需要任何围墙之类的物理限制，因为公民们根本没有其他地方可去——抵抗者们找不到任何深山老林和隐秘山洞。想要逃跑，就一定需要宇宙飞船，这玩意儿肯定很难搞到，而且当权者也一定会把这种运输工具牢牢地掌握在自己手里。

我们驶入人潮汹涌、店铺林立、活力无限的爱丁堡市中心后，我再次跟司机先生聊起来。"你不觉得和那么一撮人在狭小的空间站里待上一辈子会很压抑吗？"我问道。虽然我这么问，但司机先生现在应该很清楚我并非宇宙悲观主义者。如果有去火星的机会摆在我的面前，我一定毫不犹豫地接受。不过，我觉得时刻保持清醒的头脑也很重要。司机先生会对太空生活持乐观态度吗？太空社会是否会让他觉得好笑？

结果，司机先生给出了不一样的回答。"没错儿，没错儿，"他回答说，"但人与人之间相互依赖、相互需要，也是一件好事。所有人都通过一条纽带联系在一起，友谊长存。那是一种真实的使命感。"他说道。

我觉得他说得很对。身处宇宙会培养出一种强烈的集体感，而这种集体感又能孕育出别样的自由。那是一种大家一起执行个体无法完成的任务的自由。这些移民外星的人类会一起努力利用定居点的所有资源对抗致命的宇宙环境。在这个过程中，他们会体验到集体自由。这种自由起源于社会成员的共同事业、共同奋斗，或许还有代表所有人利益的共同政府。

那些推动建立自由概念的自由主义哲学家往往把自由看作不受约束的个人权利，他们对这种集体自由肯定表示怀疑。不过，其实古人早就有了类似的观点。当代个人主义观太过重视个体自由的践行，忽略了过高的个体自由对整个社会的潜在危害。古希腊城邦就不奉行这种观点。相反，古希腊人把所有公民看作城邦的一部分，个体通过积极参与城邦事务充分发挥自己的全部潜能。没有城邦，孤立的人类个体什么都不是。由于古代人口稀少，现代社会中司空见惯的各种基础设施也都没有出现，这种集体主义是城邦走向繁荣的必需条件。古雅典鼎盛时期人口也不过区区14万，还比不上如今一个小镇的人口。那时候要靠这些人支撑起整个帝国，所以每个人都必须贡献出自己的一份力量，个体的利益绝不可能凌驾于集体利益之上。其他古代帝国，比如中世纪时期的蒙古，也是通过个体服从于社会的集体主义创造了巨大辉煌。人类个体在发展过程中难免会陷入孤独，这种状态很有可能会导致无法实现人生目标，全身心地把自我投入到整个集体社会中就能解决这个问题。个体可以在集体中发挥自己的全部潜能。

我想，现在你们可能也觉得，这种自由观的确有它的可取之处。毕竟，即便是生活在现代社会、推崇个人主义的我们也从集体的合作中获益良多。如果没有集体努力，我们不可能随心所欲地飞往任何想去的地方度假，买到任何想吃的东西，看任何想看的电影。安全地乘坐飞机从一座城市飞往另一座，这个看似简单的行动背后需要一整张社会网络的集体努力。这点无须我过多阐述。如今，我们的观念与古人大不相同了，但我们仍旧是城邦的一部分。只不过，现代城邦的规模和影响力已经大到我们无法用肉眼感知了。我们常常只能看到眼前的个人目标，意识不到如果没有集体努力带来的好处，我们根本没有机会实现个人目标。

月球移民和火星移民一定会打造属于自己的雅典城邦，他们别无选择。要想顺利实现移民计划，所有社会成员都必须付出巨大努力，定居点有限的规模和生存空间会将每个人都纳入社会运转体系和公共事务管理体系。这至少是一座微缩版的地外雅典。或许，艰巨的生存任务会孕育出这样一种全新的自由观：对于社会个体来说，最重要的不是能否实现自身价值，而是能否实现个体在集体中的价值。如果这就是地外城邦的最终状态，那么或许一切都很美好。或许，无数类似雅典那样的城邦会在太阳系中出现，形成地外版的提洛同盟。

当然，肯定也有人会反对集体主义。司机先生很明白这一点。安静了一会儿后，他终于又开口说话，但这一次言语间透露着内心的矛盾。"我敢打赌，在那样一个小社会里，人与人之间的竞争压力会很大。"他提出，"你必须融入其中。因为你别无选择，逃不了。不过，我觉得接受这种生活也很好，安心地做集体中的一分子，不必过多担心。"

通过融入社会而获取归属感的确能产生颇多慰藉，但其中也暗藏风险。当我们放弃个人的道德责任，转而让当权者为我们做选择时，后果可能很严重。当权者可以利用公众的默许以这种方式强化自己的观念。众所周知，汉娜·阿伦特在采访前纳粹党员时感到非常痛苦，她不理解为什么他们会自愿甚至热切地加入一个最终走向暴政的组织？最后，她找到了一个难以忘却的答案：几乎所有受访者都无法承受对自我负责的压力。自行做决断，接着付诸实施，最后面对失败的后果，并不是一件容易的事。而让自己服从他人的意志，让集体化的意识形态为自己做出选择，个体就卸下了"做选择、实践、承担后果"的负担。于是，他们就自由了，无须承担做艰难人生抉择的责任。如果失败了，那也是整个集体的失败，而集体的成功与否是他们自己控制不了的。

个体通过屈从于不容置疑的权威而获取解脱，这实在讽刺，并且也是人类遭受诸多苦难的重要原因。而且我们完全没有理由认为，这样的现实放在太空环境中就不会发生。在空间站或月球定居点，一次漫不经心的安全检查就可能造成可怕的损失，这种强烈的个体责任会成为地外人类的梦魇。然而，推卸这些责任很容易。只要他们愿意接受高级机构的控制，就能免除自己在各种事故中本应承担的所有责任，但同时也为专制提供了土壤。

如果真是这样的话，那么专制者可能不用怎么努力就能确保人民的绝对服从。极度恶劣的地外环境会促使许多人自愿服从于专制者，因为这样，他们就可以逃避承担可怕失败的责任。在他们看来，独裁者是仁慈的，因为独裁者之所以实施专制统治，只是为了把人民从肮脏、野蛮、短暂的生活中解救出来。那么，为什么不享受服从带来的自由呢？

说到这里，难免会让人灰心丧气。如果太空是一个专制的地方，那么我们也就不必为太空移民的梦想而苦恼了，更不用说为了实现这个梦想而付诸行动了。但是，在本章的结尾，我得旗帜鲜明地表明立场。我不这么看这个问题，我认为专制社会不是地外人类社会的必然发展结果。太空也完全有可能孕育出全新的社会形态,而且完全有可能比人类现在创造的所有社会模式更有创造力、更有利于实现繁荣。太空是一张白纸,用密尔的话说,是一个"试验新生活方式"的完美环境。离开地球的行为很可能也会孕育出前所未有的艺术、音乐、科学、文化,以及允许这些领域繁荣滋长的全新社会形式。当然,我们也不能对潜在的危险视而不见。我们知道,人类是一种非常容易犯错的生物,而太空中的客观条件显然也能引诱出人性中最黑暗的一面。坦率地说,太空的确拥有孕育独裁统治的天然土壤。但正是因为这样,我们才应当严肃对待这个事实,并且竭尽全力为民主治理创造条件,推动太空移民的愿景朝着更好的一面发展。因为,虽然我们的确可以通过前往太空逃避地球上的某些问题,但萦绕在人性周围的那些黑暗面是不会突然消失的。即便我们坐上飞船、进入宇宙,它们也会一直伴随着我们。

北极熊和狮子都能从环境保护项目中获益，但是蓝细菌呢？例如图中的念珠藻（*Nostoc*）群落，构成这个群落的微生物个体只有几毫米宽，我们是不是也应该关心一下它们呢？

第 14 章

我们要去保护微生物吗？

从布伦茨菲尔德乘坐出租车去金纳德堡。

"您刚刚洗过车吧？"我懒洋洋地坐在虽然吱吱作响但干净整洁的黑色座椅上，闻到了空气中弥漫的淡淡的消毒水味道，便问司机女士。

"太对了，"司机女士干脆地答道，"昨天晚上，我载了一个小姑娘，她在我车上吐了。她上车的时候就醉醺醺的，车开了大概两分钟她就吐了。老天，这样的周五夜晚真是让我难受。别误会我的意思，我不介意大家外出放松，但他们坐上我的车，控制不住吐了一车，害得我要清理这个烂摊子，我就介意了。"她在座位上转过身来，直接面朝着我，同时懊恼地指着座位。她那件有垫肩的宽大蓝白色条纹上衣和中年人特有的严肃更是增添了她这份恼怒之下的真诚。

"这也很可能是一个绝好的洗车理由。我都不记得自己上次给车大清洁是什么时候了。可能我从没有这么做过。"突然了解了司机女士内心世界中的担忧，我有点儿震惊。她摇了摇头，我想也许可以用一些哲学话题分散她的注意力。就在前一天，我读了一篇讨论我们是否应该杀死火星微生物的学术文章。当然，前提是我们在火星基地发现了它们。

"如果你的车里到处都是外星微生物，比如火星微生物，你会消毒吗？"我问道。

她没有回答。我抬头看了看她，发现她微微侧过脸从后视镜里打量我，眼角露出怀疑的神色。当她看到我并不是在开玩笑，还盯着她等待答案时，便反复向我确认。"你是认真的吗？你是说，如果有些外星生物在我车里，我会把它们处理掉吗？"她问我说。

"没错儿，就是这样。假如你发现昨晚那位呕吐的女士在你车里打翻了一个装着稀有火星微生物的容器，你还会彻底清洁车吗？"我问道。

"肯定要消毒。我是说，既然它们来自火星，那谁会在乎它们？如果你说的外星人与人类外形相似，那是另一码事，但是，如果是火星虫子呢？为什么要在意呢？无论怎么说，我都得给车消毒。"

"哪怕它们与众不同？我是说，哪怕它们真是一些不一样的火星微生物？"听了司机女士的回答，我没法立刻释怀。

"你好像觉得它们会很有意思，但我还是得消毒。"

接着，她就静静地坐在那里，并且从后视镜里看了我一眼。我真切地感受到，这位司机女士在过去的24小时里心情很糟糕，而我使她更恼怒了，堪比昨天晚上那位喝醉了的乘客。我完全可以理解她对微生物的这种态度。如果我是她，我也会给出租车消毒的。不过，如果我们要清洁的不是厨房或出租车，那情况就完全不同了。

如果你参加环保游行，或者在气候变化大会期间坐到联合国大门前，不妨留意一下有没有这样的标语："拯救微生物！""真菌应该受到公正对待！""我和黏菌站在一起！"好吧，你应该看不到这些。你也不会看到英国皇家微生物保护协会、世界微生物基金或其他任何你能想得到名字的微生物保护组织的代表。对大部分人来说，保护微生物这个想法极其荒唐，因为我们每天都在杀死它们。你在清洁厨房台面的时候不知要杀掉多少微生物，很可能上百万。因此，从直觉上说，很难想象有人会出现在环保集会上，挥舞着标语要求保护某些细菌，那看上去像是疯子（至少也是在某些方面失去判断力的人）才会干的事。

然而，整个地球生态圈的核心就是这些不起眼的生物。虽然我们看不到微生物，通常也意识不到它们的存在，但它们才是生物世界的真正主角。对微生物来说，不利的是，我们一般只有在自己遭遇痛苦时才会想到它们。例如，大多数食物中毒事件都是由细菌引起的。光是在美国，每年就有大约4 800万人食物中毒，其中的128 000人最后入院治疗，大约3 000人死亡。于是，那些知名消毒剂生产商热衷于宣称自家产品可以"杀死99.9%的已知病菌"也就不奇怪了。同样不奇怪的还有:"病菌"这个词成了描述微生物的贬义方式。毕竟,我最不想看到的就是染上你身上的病菌。

17世纪,一位名叫安东尼·范·列文虎克的好学荷兰制衣商为了提升产品质量制作了一些小型玻璃显微镜。不过,除了用显微镜观察衣物纤维之外,列文虎克还会把镜头对准从池塘里取来的水,甚至从自己牙齿上剔下来的牙菌斑。在显微镜里,他震惊地发现了一些很小的动物,并给它们取了一个令人浮想联翩的名字——"微动物"(animalcules)。这些在镜头下聚集、蠕动、繁殖的小东西还没有头发粗,却打开了人们对微生物世界的想象。那个时候,微生物还没有和"有害"联系在一起,人们只是觉得它们很特别。此外,微生物的发现还标志着科学进步的一次重大胜利。

然而,之后的事情就朝着苦涩的方向发展了。罗伯特·科赫、路易·巴斯德等人开始探索微生物世界,并且很快就发现了一个可怕的秘密:这些看似轻快、活泼的小东西,竟然是某些最为可怕的疾病的先兆。在随后的一个世纪中,与微生物相关的疾病名单不断变长,其中包括黑死病、伤寒症、肉毒中毒、炭疽热。在铁证面前,微生物世界只能举手投降,承认罪行。"对你们的判决如下,"人类法官宣告,"从今天起,你们将以'病菌'的名称为大家所熟知,你们也将会因为给我们带来的疾病而遭受应有的谴责。从今往后,人们不会对你们有任何兴趣。"好吧,这也不怪当时的人们。14世纪,光是黑死病就让欧洲人口减少了1/3。仅仅是这一场大瘟疫的法庭诉讼就能让整个微生物世界永远蒙羞。

　　不过，在不利证据增加的同时，还有一些学者则开始意识到微生物迥然不同的另一面。这些生物具有两面性：它们可以引发巨大的争议，但这并不是它们注定的命运。谢尔盖·维格诺拉斯基就是这些学者中的一位。1856年出生于基辅的维格诺拉斯基是一位聪慧且多才多艺的科学家。起初，他在圣彼得堡国立音乐学院学习音乐，之后转攻植物学，并在兴趣的指引下踏入了微生物世界。维格诺拉斯基是率先发现微生物在地球环境中起着重要作用的学者之一。尤其是，他发现某些微生物可以借助硫元素从环境中汲取能量。这表明，微生物不仅是被动的搭车者，在我们看不到的世界中勉强过活，它们也同样是这颗行星生物世界中的一部分，改变并影响着我们所有人都赖以生存的元素。

　　就拿最重要的一种元素氮元素来说，它们是我们身体的重要组成部分。没有氮元素，我们根本活不下来。氮元素大多数时候以氮气的形式存在于地球大气中。听到这里，你可能会说，地球大气大约有78%是氮气，这太好了，这说明我们一点儿不缺这种元素。然而，氮气中的氮原子受到了严格的限制。一个氮气分子有两个像双胞胎一样紧密结合在一起的氮原子，因此化学家把它们写作N_2。问题在于，这两个氮原子结合得实在太紧密，人体根本无法将其分开，所以哪怕你吸入再多的氮气，也无法通过这种方式获取必需的氮原子。而这就是我们那些微生物朋友可以大展拳脚的地方，它们可以拆散并将各种原子重组。微生物可以分解氮气得到氮原子，并且与氧原子结合，形成铵盐和硝酸盐。铵盐和硝酸盐都易溶于水，并且容易发生各种化学反应。于是，我们就有了一种可以轻易获取氮这种人体必需元素的方式。氮气转变成铵盐和硝酸盐的过程就叫作"固氮"。可以说，每一个微生物就是一座可以固氮的微型工厂。虽然单个微生物的大小通常约有一毫米的千分之一（1 微米），但它们的数量巨大。就像拔河一样，当这么多微生物形成合力时，就会产生惊人的效果：它们每年会从大气层中摄取 1.4 亿吨氮气，并且将其转化成氮的固定形式以哺育地球生物圈。因此，微生物的确会威胁人体健康，但如果没有它们，我们所有人都是死路一条。

维格诺拉斯基及其后继者的工作，向我们展示了微生物的超凡本领及其影响力。除了固氮之外，微生物还能完成其他许多生物圈必不可少的任务。真菌负责分解动植物尸体，将回收的物质送回地球生态圈，供下一代生物使用。除了前面提到的硫，细菌还能回收碳、铁等几乎所有对生物而言至关重要的元素。正是这些微生物的辛勤劳动，使得地球生态圈像摩天轮一样不停转动，确保它不会像功率衰减的发动机一样彻底罢工。说点儿更贴近日常生活的事，我们利用微生物让各种糖发酵成葡萄酒和啤酒，利用微生物腌制蔬菜，利用微生物像变魔术一样地将牛奶变成酸奶和奶酪。如今，我们还利用微生物研发治疗其近亲导致的疾病所需的药物。另外，我们也不能忘记微生物在人体中起到的关键作用。它们帮助我们消化食物，分解肉和蔬菜。这些活动都是我们保持健康的基础。人体中约有1/2的细胞都是微生物。我们之所以看不到它们，只是因为它们比人体细胞小。因此，至少从细胞的角度看，人的身体有1/2是细菌。第一次知晓这个事实总是会让人有点儿吃惊。

鉴于微生物对人类世界造成的巨大破坏，即便它们有如此重要的作用，我们也很难对其秉持积极的态度。这就像要我们原谅一个连环杀手一样，绝无可能。不过，无论有多么难以接受，我们都必须承认：微生物杀死的人再多，也无法改变它们在维持地球生态圈正常运转过程中起到的重要作用。

所以，我们怎么从来没看到过那些印着"拯救微生物！"的T恤衫呢？这实在是一个很有意思的问题，并且我还不确定是否有人能给出全面且正确的答案。部分原因可能是，许多人都更愿意站在控方这一边，他们觉得微生物不需要任何保护。事实或许的确如此，因为似乎确实有很多微生物看起来不需要任何保护。要知道，有些珍稀品种的老虎全世界都只剩不到4 000头了。而微生物有多少？这个问题大家也没有确定的答案，但根据最近对海洋、土壤以及其他可能适宜微生物生存的环境的估算，地球上的微生物总数可能约为一百万亿亿亿。既然微生物远远谈不上濒危，那么也就根本不需要我们的关怀了。

第二个原因可能是，微生物不是很好看，这对人类的同理心影响很大。回想一下，你见过多少印着"拯救濒危小蜘蛛！"或者"拯救濒危肠道寄生虫！"的T恤衫？微生物并不是唯一不受环保主义者待见的生物。另外，请恕我直言，大多数人只有在面对像海豹、熊猫等长着一张可爱的脸的动物时，才会积极地为保护它们而行动。就像环境伦理学家欧内斯特·帕特里奇曾经指出的那样，那些能让你惊呼"哦，天哪！"的生物，才会得到人类最深切的关怀。

微生物为我们做了那么多，却依然得不到我们的重视，其中最重要的原因或许只是，我们很难看到它们。"眼不见、心不烦"就是一种切实存在的看待微生物的态度。想象一下，如果北极熊变得只有1微米长，而微生物可以长到像狗那么大，情况会如何？可怜的微生物也很有可能长得相当丑陋——总体上，它们可能会像在湖水里扑腾的水袋，有一些还长着奇怪的鞭状附肢，四处游动觅食时还会发出可怕的声响。毫无疑问，有些人肯定会像喂鸭子一样喂它们，但至少你能看到它们，并且每当你把湖水抽干的时候，微生物的悲惨命运也会切实展现在你面前。另一方面，如果北极熊变得像微生物那么小，恐怕你很可能不会再去呼吁保护它们，毕竟它们只是在泥土里蠕动着的微小生物，数量多到以百万计。当然，北极熊和微生物体型互换是不可能实现的，但这不重要。我们应该从这个思想实验中汲取的教训是：体型大小也是影响人类对动物看法的重要因素。我们之所以从来没有认真考虑过保护微生物，很有可能就是因为它们实在太小了。

另外就是现代社会消费主义的力量。当所有清洁产品都在宣传拥有强效杀菌效果时，我们很自然地就会以为微生物不值得拯救。杀死微生物毫无负担的思想宣传强化了它们是人类之敌的观点，但实际上，微生物在大多数时间是人类的好伙伴。

那么，微生物注定要消亡了吗？倒也没那么快。西澳大利亚鲨鱼湾海岸线上散布着一些奇怪的穹顶状结构。这些棕色、黑色、蓝色的疣状突起就是叠层石，通常位于沙滩上，任凭潮水反复冲刷，直径可达到大约1米。叠层石看上去很像岩石，但其实它们是由一层又一层细菌构成的——说得更准确一点儿，应该是蓝细菌——这些微生物像是三明治的馅一样夹在沙砾层中间。因此，实际上叠层石也是生物，当然是会生长的。当沙子下沉，通过光合作用获取能量的蓝细菌就会向上运动以获取阳光，于是，叠层石就会生长。作为鲨鱼湾世界遗产保护区的一部分，这些叠层石堪称皇冠上的明珠，感兴趣的公众把它们看成"活化石"。实际上，我们也真的在叠层石中发现了真正的微生物化石，它们的历史超过35亿年。观察叠层石就像是去生命曙光初照地球的时代旅行一样。那个时候，整个地球上就只有微生物，30多亿年后，动物才会出现。澳大利亚这个地方太神奇了，那里才是保护微生物的真实案例！

大约20年前，科幻作家约瑟夫·帕特劳奇撰写了一个关于未来反乌托邦世界的有趣故事。故事中，人们已经充分认识到了微生物的重要性，并且认为应当维护它们应有的权利。人们不能使用除臭剂、不能打扫屋子，甚至不能洗头。他的这篇短文嘲讽了保护微生物权利的概念，向读者揭示了像保护老虎一样保护微生物是多么荒唐。然而，和生活中的很多事情一样，我们总是会从一个极端走向另一个。鲨鱼湾的叠层石表明，我们完全可以保护某些微生物群落。鲨鱼湾的蓝细菌规模庞大，肉眼可见。它们蕴含着自己特有的美丽，是这颗星球上令人敬畏的存在。更为重要的是，它们似乎得到了"人类的重视"，这是大部分其他微生物都无法享受的荣耀。

我们要怎么平衡保护鲨鱼湾叠层石和出于卫生目的杀死微生物这两个现象背后的矛盾？人类的某些选择可能不是最好的：在除臭剂出现之前的几千年中，人类依旧可以正常生活，虽然它的发明让我们确信某些气味确实与整洁、干净相关，但没有除臭剂，我们也可以整洁、干净地生活下去。不过，清扫房屋、过滤水，并不仅仅是为了摆脱难闻的怪味。随着卫生设施的发展和普及，人类总体的健康水平大幅提升，寿命也大幅增加。因此，我们或许应该秉持这样的态度：条件允许的时候，就保护微生物，但没有必要时刻保护它们。这就像是我们中有许多人反对刻意毁坏树木，但我们大概率也不会反对为了获取木材或制作纸张而砍伐一部分树木。

不过，如果我们更多关注微生物的有益方面，或许会导致在保护它们的事宜上犯更多错误。回顾维格诺拉斯基等先驱的工作后，我们会意识到微生物在诸多方面扮演的至关重要的角色，比如保证地球生态系统的总体健康、循环使用各种元素、分解废料。微生物是食物链的第一环，它们吸收阳光、固定氮元素、回收自然界其他各种形式的元素。因此，微生物确实是所有生命的基础，同时也可以成为环保理念的基础。我们总觉得，水污染会影响鱼和青蛙等生物的生活，但其实更重要的是，水污染会杀死很多浮游生物以及其他栖息在水体中的微生物，正是它们的消失最终影响到了我们能够看见的大型生物。我们不必出于微生物自身的利益而拯救它们,但保护微生物的确对地球其他物种都有利。微生物就像是地球生态圈中看不到的房梁,混凝土建筑中的那些金属棒,虽然我们从外部无法看到它们的存在,但如果它们出现问题,其余部分也就无法正常运转。

我们可以在不禁用消毒剂的前提下——那样实在太荒谬了——培养环保主义者对微生物的重视。举个例子,我们可以更加谨慎地对待某个地区的本土微生物,而不是为了盖房子而一下子把所有池塘都抽干。没错儿,有些池塘可能真的没什么特别的,但还有一些池塘里面栖息着非常稀有且重要的微生物。如果我们能更加深刻地认识到微生物在维护地球生态系统健康、完整中起到的关键作用,就有可能更有效、更精准地裁定哪些水体需要保护,哪些水体可以填平,从而有的放矢地发展房地产产业。既然我们可以且应该欣赏鲨鱼湾的叠层石,那么我们也要学会尊重本地某个虽不起眼但必不可少的湖泊。或许,在 T 恤衫上印上"拯救微生物!"并不是一个愚蠢的想法。

不过,对于可恶的微生物,就是那些杀人元凶,我们又该怎么办呢?举个例子,我们可以接受天花病毒的灭绝吗?从公元前3世纪开始,天花就困扰着全人类。光是在 20 世纪,这种连古埃及木乃伊都携带的病毒就导致接近 3 亿人死亡。天花病毒先是会导致感染者皮肤长出大量不起眼的疖。随后,这些疖恶化成散布全身的瘢痕。最后,约有 1/3 的天花感染者会因此失明。在此前的数千年中,这种无处不在的恐怖的传染病时刻威胁着每个地球家庭的日常生活。不过，如今我们不用再担心天花了。实际上，现在我们很难想象天花曾经在那么长的时间都是人类时时刻刻都要面对的梦魇。这都要感谢疫苗科学和世界卫生组织的努力。从20世纪50年代起，世界卫生组织就启动了一场以接种疫苗的方式根治天花病毒的全球行动。这也是人类历史上第一场针对某个微生物的全球行动，而且成绩斐然。最后一个自然感染天花病毒的病人是索马里梅尔卡一家医院的厨师阿里·马奥·马林，那已经是1977年的事了。而且，最终马林顺利康复，还积极参加了宣传接种疫苗的运动。

我完全可以理解司机女士清除任何可能带来危险之物的想法，但清除归清除，是不是应该彻底消灭它们，让它们灭绝呢？"你觉得，"我问她说，"如果我们有能力彻底消灭某种会导致疾病的微生物，比如天花病毒，那我们是否应该给它最后一击呢？"沉默片刻后，她惊恐地摇了摇头。"杀光它们，"她说，"为什么在费了那么大劲儿控制它们之后，还要放虎归山呢？"

我相信很多人都会赞同这位司机女士的想法。不过，想想老虎和大象。如果有人号召全球民众联合起来共同努力灭绝这两种动物，那肯定会被认为是发疯了。可是，这两种动物同样能给人类带来危险。我们有什么权力区别对待这些与我们共享地球的生物？要知道，我们想要彻底消灭的某些物种在地球上生活的时间远早于人类。为什么天花病毒就没有继续同老虎、大象等物种一道生存下去的权利？我完全可以理解司机女士的反应，但这是否正当？答案存疑。

巧合的是，实际上天花病毒也没有灭绝。美国疾病控制与预防中心与俄罗斯国家病毒学和生物技术研究中心仍旧保留着天花病毒样本。虽然曾有人提议在1993年12月30日彻底消灭所有天花病毒（包括研究用样本），但似乎我们也对这么做的后果感到担心，因而没有付诸实施。或许，天花病毒未来仍有可能在自然界中重现，到那时，我们就可以借助手上的病毒样本找到攻克它的办法，扼杀潜在的大规模疫情。人类之所以会判天花死刑缓期执行，恰恰是因为它实在太可怕了。不过，这个案例背后的核心问题其实是：生物要"恶"到什么样的程度，我们才能心安理得地将其彻底毁灭，同时不受伦理道德的谴责？微生物的存在向人类的伦理道德提出了巨大挑战。

当我们把目光转向其他星球时，上面这些问题的答案就更模糊了。当涉及外星生命时，有关天花病毒和消毒剂的争议就会上升到一个全新的维度。假如我提议消灭火星上的所有微生物，为我们建造火星基地铺路，你会做何反应？我觉得，你的第一反应肯定是吓一跳，但之后又会冷静下来。为什么？在地球上，我们经常给自己的屋子消毒，那么为什么要给火星微生物特殊待遇呢？我猜测你可能会这样回应我的提议：火星微生物只是快乐地在那里生活，做着自己的事，与世无争，为什么我们要横加干涉，置它们于死地？

这种观点体现了一种对生命的尊重。这种尊重让我们把火星微生物的生死放到了自身利益之上。按照伦理学家的说法就是，我们对火星微生物的关注，超越了自身的"工具性"用途。这种尊重很难界定，即便是伦理学家，也很难在不涉及感情主义的前提下定义这类思绪。不过，我认为这的确体现了一些我们对生物的基本看法：无论其他生物看上去活得有多么盲目，它们都有权利继续生存下去。此外，这类思绪或许还体现了人类的卑微感以及不愿自甘堕落的愿望。即便消灭火星微生物不会造成环境问题，摧毁整个火星生态圈——哪怕这个生态圈里只有微生物——也反映出了人性中恶的那一面，以及人类残酷的那一面。而这恰恰是我们不愿意看到的。

毁灭火星微生物的想法可能会让你产生与下面这个场景类似的感受：在鲨鱼湾旅游的年轻人漫不经心地在海滩上散步，他们踩在叠层石上，把它们各个击破。你肯定会很愤怒，但愤怒的原因是什么呢？绝对不会是你对蓝细菌的天然好感吧？很可能在上个周末，你就在洗车时把大量蓝细菌冲掉了，并且还毫无察觉。你的愤怒大概率源自这种行为本身，源自这种不尊重，源自这种无端的破坏。不过，我知道自己的内心深处还是会因为那些与世无争的可怜微生物而伤感，但这种感受并不意味必须去保护所有微生物。我们有完全正当的理由将其他利益放到微生物的存亡问题之上。不过，我们至少不应该去"打扰"那些鲨鱼湾叠层石，因为我们知道这些生物拥有巨大的内在价值。即便是真的毫无价值的生物，也不应该被我们无故滥杀。

到目前为止，我们还没有发现任何外星生命，但光是想到其他星球上的微生物就足以让我们深思自身与自然世界之间的关系。一旦把思维拓展至地球之外，那些我们不以为意的事物，比如细菌，就会突然拥有我们在日常生活中根本无法注意到的重要意义。当我们想到这些在火星砂石中爬动的微生物，当我们思索应该如何对待它们时，我们就会得到一个颇具启迪作用的全新视角。这个视角能够帮助我们更清晰、更全面地认识自己在地球上对它们的所作所为。

在一点上，我同意这位司机女士的看法。她说，我们必须清洁屋子、冲洗车子，更要保持头发的干净卫生。这一点我表示赞同，此外医学的非凡进步让我们能够对抗、消灭微生物导致的疾病。我也坚定地与那些致力于解决抗生素危机的科学家站在一起，因为有些微生物已经进化到了可以免疫药物和疫苗的程度，我们必须找到核查并应对它们的新方法。不过，与此同时，我也深爱着微生物世界。地球上的微生物种类繁多，数量更是庞大，其中只有极小一部分给人类带来了困扰，乃至灾难，但这根本不能成为我们憎恨整个微生物世界的理由。虽然我知道有些老虎会攻击人类，但我仍旧热爱老虎。微生物也是一样。

微生物已经在地球上生活了30多亿年。客观上，它们在吃力不讨好的忙碌中默默地创造了一个适宜我们人类生存的环境，对生态圈也做出了无可替代的贡献，光是这些理由就值得我们的尊敬。实际上，我得承认，我个人对它们充满敬意。即便是在地球上——更不用提我们期待有生命存在的火星了——我们也完全有理由让更多地球人穿上印有"拯救微生物！"字样的T恤衫。另外，没错儿，真菌类生物也应当受到公正对待。

最早的地球生命或许就出现在这样的热液喷口附近。图中这个名为"大烛台"的热液喷口位于海面下方 3 300 米处，正在不断向海洋里喷发灼热液体。

第 15 章

生命是如何起源的?

从牛津火车站乘坐出租车前往牛津大学
基督圣体学院。

这次路途其实并不远,只是下起了雨,我只好在牛津火车站
打了一辆出租车去牛津大学基督圣体学院。我的博士学位就是在
那儿拿到的,这一次是去参加学校建校 500 周年的庆典活动。

"住在牛津?"司机先生问道。他大概 60 多岁,而且我马上
意识到他干这行已经有些年头了。他小心翼翼地左右观察,顺利
地从火车站两侧还停着的出租车中间穿过,驶入了主干道。

"以前是,现在不是了。不过,牛津总给我一种家的感觉,
每次回来甚至还有点儿惆怅。"我回答说。

行驶在自己年轻时走过的街道，心里难免有些不安的感觉。那个时候，我会在深夜参加完派对后漫步在这些街道上，它们承载着我青少年时期的多愁善感。现在，它们仍在那儿，一切都没有改变，牵扯着你的思绪。接着，我把话头一转，同司机先生谈起了我本科毕业后在这儿度过的时光。如今，在基督圣体学院建校500周年之际，我回来同校友们一起分享这份喜悦。实际上，我只在这所学校待了3年，时间还不足校史的1%。不过，如果放在地球生命史中，这500年的校史也不过是一段无关紧要的小插曲——40亿年前，生命首次在地球上现身，基督圣体学院的历史只不过是地球生命史的0.000 012 5%。从这个角度上说，相比这所学校在地球生命史中的地位，我在学院史中的位置显然更重要。（当然，事实并非如此。毕竟，我在这次校庆活动中的作用不值一提。）

"我的求学时间不过是学校历史的很小一部分，这点不难理解，"我对司机先生说，"不过，请原谅我提出一个怪异的想法。相对几十亿年的地球生命史来说，500年的校史更是微不足道。在地球生命史面前，我们只是昙花一现。"

"把这一切放在如此漫长的时间长河中理解并不容易。"他回答说。我点头表示赞同。当涉及的时间尺度达到几个世纪时，人类思维就跟不上了，更不用说数十亿年了。在我们的思维中，100万年和10亿年是没有多大差别的，时间久远到一定程度就模糊了。而地球生命的跨度恰恰已经达到数十亿年之久。在这漫长的时间跨度中，掩藏着一个我们好奇已久的问题：生命的出现是不是必然？只要时间足够，生命是否一定会出现？前往基督圣体学院求学的这些生物，是否只是化学组合的偶然产物？原初地球的那些黏液中是否一定会出现某种形式的生命，而且这些生命最终必然会发展出智能？在我聊起对生命起源的兴趣后，司机先生也想到了这些与"是否一定"相关的问题。

"时间实在是太长了，长到几乎任何事都有可能发生。是否连生命的出现都是必然？"他问我说。这是一个所有人都感兴趣（或者说都应该感兴趣），但没有人可以回答的问题。不过，我们通常也不会问得这么直接。我在伦敦遇到过一位司机，他问我宇宙是否到处都是外星出租车司机。这个问题的核心其实就是生命是否必然会出现，只是换了一种形式。但这一次，这位司机先生直接问到了问题的本质：生命到底是怎么开始的？当太阳系形成之初，那些熔融岩石固化成炽热的原初地球时，是否就注定——这里是指原初地球的物理条件和客观环境，而非上帝的旨意——这颗行星最后会生机勃勃，栖息着人类和各种微生物？

在回答这个问题，一定会涉及地外生命。如果只要拥有合适的条件，生命就一定会出现，那么地球很可能不会是死寂宇宙中的一场畸形秀，因为宇宙中的行星数以十亿计，很难想象它们都没有与地球类似的环境条件。实际上，我们甚至不应该先入为主地假设，只有地球这样的客观环境条件才能孕育生命，而且，你更难相信在地球所在的这个宇宙中，竟然没有任何其他行星拥有孕育生命的条件。司机先生抛出的这个问题（生命究竟是如何起源的，生命是否必然会出现？）听上去可能有点儿深奥，有点儿像未被成年人的责任和郁闷压垮的青春期少男少女思考的无解难题。实际上，这个问题意义极其重大，正是它激励着一代又一代科学家努力探究生命诞生的奥秘。

现在，你可能满心希望我用3 000多字揭晓"生命是否必然会出现"这个问题的答案，但我做不到，也没有人能做到。不过，我至少可以向你介绍一些我们现在已经掌握的信息。与这个问题相关的诸多严肃研究已经催生了不少有意思的观点，也推翻了一些理论——如果你还记得的话，就应该知道这是科学方法的重要组成部分——并且还将继续测试其他理论，看看它们最终能把我们引向何方。

以下就是一种思考生命起源问题的方式。分解地球上最简单的细菌，你会发现，虽然它们的生物化学结构很复杂，但一些最基本的组成构件实际上是所有生活在这颗星球上的生命所共有的。换句话说，生命共有一种基本蓝图。打个比方，虽然汽车各式各样，在功能、外形和颜色上差别极大，但都包含一些最基本的构件，比如发动机、门、轮胎。也就是说，我们在整个地球生态圈中找到了一种位于生命结构核心的"底盘"。接着，我们又会很自然地发问：那么，所有地球生命都在使用的基本构件是从哪儿来的？毕竟，显然它们是构筑后续一切生命大厦的基石。此外，如果我们能深入认识这些生命雏形是怎么形成的，就可以更有效地在宇宙中搜寻有利于孕育生命的其他地点。

　　生命的一大基本特征是隔离。所有地球生命都拥有自身的内部环境，它们的体表将自身与周遭环境分隔开来。在大多数情况下，生物的体内空间是许多自身也有内部结构的器官，这些器官也借助相关结构同周围的组织分隔开来。对于像地球这种表面大约3/4都被海洋覆盖的星球，生物需要解决的一大问题就是：事物在水体中总有一种分散的倾向。把少量洗洁精放到一盆水中，洗洁精会扩散并与水混合，最后，我们几乎完全无法从外观和颜色上分辨出这盆水里是否加了洗洁精。同样，即便我们设法在江河湖海中把那些构筑生命必需的分子集中到一起，它们很快也会分散。唯一的例外是病毒，比如冠状病毒和导致疯牛病等其他疾病的朊病毒。不过，病毒无法仅凭自身完成自我复制。如果你愿意的话，甚至可以把它们看作干燥的颗粒，只有到了其他生命体内的富水环境中，才能变得活跃并不断复制。

　　因此，生命需要某种类似袋子的结构，包裹住自己的所有组件，防止它们扩散。这种封闭结构存在于所有尺度的生命之中，但最底层的，也即一切生命的基础，就是细胞膜。地球上的所有细胞都有这种类似于胶囊的结构。虽然从细节上讲，各种细胞的细胞膜均有差别，但它们都有这样一个特征：由同一种分子构成。这类叫作磷脂的分子有一个头和两条尾。磷脂的头部亲水——它"喜欢"水，乐意与水接触。两条尾巴则厌水，它们和水互相排斥。如果你把一些磷脂分子放到水里，它们会自发做一些神奇的事：形成一个球体，亲水的头部暴露在外面，与水接触，厌水的尾部则指向球体内部，在头部的"保护"下，与水隔绝。与此同时，其他磷脂分子则尾对尾地以相反朝向排列在球体内部，内里的头部则构成一个容纳水——未来还可以容纳其他物质——的空洞。磷脂分子的这种转变令人惊叹，但还谈不上奇迹。相反，这种磷脂袋的形成只是磷脂自身特性（一端亲水，一端厌水）带来的不可避免的直接结果。事实证明，这类结构组合在一起形成稳定状态的最佳方式之一就是排列成多层结构，并且随后坍缩成球形。这种叫作"囊泡"的结构既优美又重要。囊泡中可以容纳孕育生命所需的一切物质。如果囊泡包裹着一个细胞，那我们就把它称作细胞膜。

说到这里，我们很自然地会想到这样一个问题：这种既亲水又厌水的自我矛盾分子是怎么来的？它们似乎是专门朝着这个方向演化的，完全适应构建生命分子细胞膜的特定需要。实际上，细胞膜也的确是朝着这个方向发展的，在演化的过程中，它们变得越来越适宜构建生命。不过，它们的起源却没那么复杂，在太阳系形成之初的原初物质中就能找到。

不知道你有没有见过那种掉落到地球上的古老陨石，里面就有一些含碳分子。1969年坠落在澳大利亚默奇森地区的默奇森陨石就是一个很好的例子。其实，这块深色的石头是我们的太阳以及太阳系行星形成时留下的残渣。因此，这块拥有40多亿年历史的陨石就是我们太阳系故事的开端，也是地球生命的源头。默奇

森陨石通体呈黑色，摸起来很柔软，之所以颜色那么深，是因为
陨石中的含碳的复杂有机化合物占比很高，就像煤烟一样。光看
外表，你甚至可能会觉得这块石头被焚烧过。假如我们现在把默
奇森陨石放在水中并轻轻碾碎，释放出其中的一部分分子，其中
有一些将是通过碳原子构成的长链聚集到一起的，称为"羧酸"。
从混合物中提取出这些羧酸，并把它放入水中。此时通过显微镜
观察，这些有机分子会聚集在一起，形成跳动、漂浮的囊泡、斑
块或不规则袋状物质。呈现在你面前的这些简易分子远没有如今
的细胞膜复杂——毕竟，后者在 30 多亿年的演化过程中经历了无
数次蜷曲、定型、修正的过程——但它们诞生于孕育了行星的原
初太阳系云气中，是最简易的"生命之袋"。

　　至于这些分子到底是怎么形成的，目前仍有不少疑问，但
可以肯定的是，宇宙不缺含碳分子，也不缺以含碳分子为基础的
化学反应。在遥远的太空中，有一些奇异的碳恒星，它们会周期
性地震荡，把含有大量碳的气体外壳甩出去，碳原子就通过这样
的方式遍布整个宇宙。在整个星际空间中，最简单的含碳分子之
一——氧化碳随处可见。此外，宇宙中还飘荡着大量更为复杂的含
碳分子。其中最为复杂的当属拥有至少 60 个碳原子的富勒烯，也
叫巴基球。这种分子的构型很奇怪，像是一只足球。

　　在宇宙的各个角落，含碳分子与星际空间站的其他元素互相
接触，发生化学反应。那片最后孕育出地球和太阳系其他所有天
体的受热星云就是这样一个各种元素交汇的地点：它就是一座行

星际规模的化学工厂，内部存在温度梯度和压力梯度（同时还有一些辐射）。冰颗粒的表面为碳化学过程提供了更好的场所，更多分子得以参与到相关化学反应中来，其中就包括日后可能形成原初细胞膜的羧酸。

读到这里，你可能会觉得这种分子生产魔术很复杂，但实际情况并非如此，只是听上去复杂而已。创造生命的第一批原料并没有那么困难。整个宇宙到处都是生产羧酸所需的化合物和能量来源，不难找到。相关的化学反应过程也不需要什么指导，只要有合适的物质、能量以及足够的时间，能够容纳生命分子的袋子就会出现。

不过，生命可不只是一个袋子，要想得到具有自我复制能力的细胞，还需要更多组件，尤其是一些可以驱动、加速化学反应的分子。在这类分子的帮助下，化学反应就有可能产生自然环境中稀缺（甚至根本不存在）但对生命又极为重要的其他分子。我们称这类具有催化作用的分子为"酶"。酶就是生物催化剂，具有聚合分子、转运化学反应产物的功能。在我们所知的全部地球生命中，几乎所有酶都由蛋白质构成，酶本身其实就是氨基酸长链——氨基酸分子像珠子一样串在一起，形成一条长长的"项链"。这种氨基酸串还会折叠在一起，形成一种三维小分子（蛋白质），为后续反应做好准备。

氨基酸是一种结构简单的分子，中心有一个碳原子，上面还连着一个化学基团（少数原子的集合），用学术点儿的话说，叫作"侧基"。侧基是分子的附加物，结构各式各样。不同的侧基功能不同：有些亲水，有些厌水；有些带正电荷，有些带负电荷；有些很小，有些很大。所有这些不同结构的分子之间的反应会导致氨基酸长链以特定方式折叠。其中一些会形成支撑结构，也就是变得像一个支架一样，在构建像指甲和头发这样的物件时发挥重要作用。以其他方式折叠的氨基酸长链则会参与细胞的所有重要反应中。值得一提的是，只需要 20 种氨基酸就能实现所有功能。不过，蛋白质可以由多达数百个氨基酸构成，而其中每个位置上的氨基酸又会有 20 种变化。于是，你会发现蛋白质的种类非常多，远远高于制造生命细胞可能要用到的分子种类数量。

再来看看前面提到的默奇森陨石。当我们从陨石中提取制造"生命之袋"需要的膜分子时，还会注意到另一件令人惊诧的事——陨石中含有很多氨基酸，足足有 70 多种。早期太阳系这座化工厂的主要任务之一就是合成构建蛋白质的基石——氨基酸。这些氨基酸最终会与日后构成行星的岩石等物质结合在一起，其中有一些会一直在宇宙中游荡，并在 40 多亿年后随陨石来到地球，从而让我们知晓，早期行星际化学反应是如何生产这种最简单，也是最基本的生命原料的。

陨石中含有的氨基酸远不止生命所需的那 20 种。因此就出现了这样一个疑问：如果构成生命的第一批分子确实是来自行星际空间，那为什么只挑选了其中 20 种氨基酸作为生命材料？原因是，有时候，你不必把所有找得到的材料都用上，就能妥帖地完成工作。建筑师在设计房屋的时候，不会用上所有可用的砖块和屋瓦。他们挑选其中一部分就能完成工作，而且往往是越少越好，这样才能最大程度地提升效率，同时尽可能避免各种建筑材料出现不兼容的问题。同样，大自然拥有的氨基酸种类比生命所需的多得多，也并非是哪个特殊事件的后果。进化的目的并不是追求所有维度上的最大化，而是利用不同氨基酸实现各种功能，以满足细胞运作的基本需要。一旦找到的氨基酸种类足以生产具有自我复制能力的分子，就不会再去寻找其他的了。于是，我们就能理解，为什么在这么多可以用来构筑生命的分子化学材料中，大自然最后只使用了其中的一小部分。

陨石这类地外信使还给我们带来了其他惊喜，那就是核酸碱基。生命细胞（哪怕是最原始的生命形式）的核心工作就是编码、储存信息。大多数生物使用我们熟知的DNA或其姐妹分子RNA（核糖核酸）完成这个任务。和蛋白质一样，DNA和RNA也由长链分子构成，这些长链分子就是"核酸碱基"。核酸碱基可以互相贴附在一起，形成信息存储系统。与蛋白质需要20种氨基酸不同，DNA需要的核酸碱基种类数量要少得多，只有4种。这4种核酸碱基组成的序列散布在长链上，将构筑眼睛、尾巴等所有生命器官的全部指令加密编码。最后由相应的细胞器官接收、翻译这些指令，从而呈现出一幅构筑完整生命的"蓝图"。

早期太阳系内的氰化物和其他物质发生化学反应会产生核酸碱基。这也解释了为什么陨石和其他在宇宙空间中游荡的天体会携带核酸碱基。和氨基酸一样，我们在陨石等行星际天体中找到的核酸碱基种类也多于构筑生命细胞所需的核酸碱基种类。进化将生命实际使用的核酸碱基种类缩减到了满足地球生命基本需要即可。

上述这些现象都有些特别。抛却生命的种种复杂之处，直接考察其基本组件、底层结构，考察这些构筑生命大厦的梁木和砂浆，你会发现，生命主要分子的所有基本成分都能在陨石中找到。而这些陨石早在太阳系诞生之初就已经存在。毫无疑问，它们随后落到了年轻地球的表面，在河海湖泊中聚集，同时还冲刷着各种滩涂。科学家们对"地球生命分子来自地外"这种想法很感兴趣，并且已经在实验室中尝试重现释放岩石所含基本生命材料的相关化学反应。果然，使用辐射轰击携带醇类和氰化物等简单分子的矿物质颗粒表面，就会得到氨基酸以及其他重要生命分子。

不仅如此，我们也不能忘记地球本身也是一块硕大的宇宙岩石。随着生命原材料跟随陨石等天体落到这个星球上，在新生地球的陆地、海洋和大气层中也发生着相同的化学反应，因此也会产生生命原材料。那个时候，天上、地下到处都是碳化学工厂。远到宇宙深处，近到地球表面，构筑生命的原初材料在各处诞生，最后汇集到地球上。于是，这颗行星的表面上逐渐搭建起了构筑生命所需的脚手架。

这一切都很有趣，也提供了一种解释生命原材料起源的答案。不过，这还没有真正回答我们的问题：是否只要有恰当的条件，生命就必然会出现？为什么这些化合物随着潮汐来回冲刷、填满岩石的缝隙时，就没有产生细胞呢？对此，我们的认识尚不深入。线索有很多，相关假设也有很多，但到目前为止，对于"生命原材料必须跨过何种门槛，最终才能形成生命"这个问题，科学界尚未形成统一意见。

科学家们猜测，生命诞生过程中的关键反应需要在一些特定环境中才能进行，并且总是与地球上那些以合适的方式提供能量的地点联系在一起。有些科学家偏爱热液喷口——一些海底裂缝，海洋地壳下的灼热液体从这里喷出，在向周围海水扩散的同时，在海底留下高耸的矿物质堆。有了这些场所，化学反应不仅生产出了构筑生命大厦的砖石，还创造出了孕育第一代新陈代谢反应的摇篮。这类反应合成的碳分子开启了新陈代谢这部庞大的现代机器，成为驱动生命运转的动力。

还有一些科学家则认为，海滩是地球生命的诞生之地。每一次涨潮，海浪都会将部分生命必需的氨基酸送到海滩上。等到退潮后，这些干燥了的氨基酸分子就会结合在一起。不断蒸发缩水的水珠会迫使氨基酸分子互相靠近，最终结合。每一次潮起潮落都会让前一次形成的氨基酸链变得更长，直到最后，形成最初的生命分子并摆脱岩石的束缚。

还有一些科学家则避开了岩石，把目光投向了天空。他们认为，在海水表面破裂的气泡含有最基本的生命分子。这些分子在大气层中飘浮时暴露于太阳辐射之下，于是它们开始相互反应，进而发生突变，开启进化过程。这些新生复杂分子之后又以雨水的形式落回海洋，并开启下一个循环。而生命就诞生于这样的无尽循环中。

上述所有猜想都有可取之处，而且互相之间并不排斥。上面提到的所有地点——深海热液喷口、海滩和海洋表面——都对地球早期生命分子的积累以及最后生命的诞生做出了贡献。或许，早期地球本身就是一个孕育生命的庞大化学反应炉。

无论你支持哪种理论，生产出来的分子都必须在某一时刻集中到一起，否则它们就会同大多数进入海洋的物质一样，惨遭稀释。因此，那些原始膜状分子内部一定包含了有自我复制能力的分子。随着时间的推移，这些分子又会在进化过程中反过来控制袋子，这又给地球增加了一种具备高度复杂性的全新分子形式。从这些最简单的生命分子开始，进化过程中的各种"错误"和变异会产生各种细胞形式，最后孕育出地球最早的一批细胞。

那么，这种从一锅化学物质汤到具有自我复制能力细胞的转变，究竟是不是必然？或者说，这种跃迁出现的概率有多高？对于这个问题，我们没有明确的答案。或许，这种跃迁轻易就能实现。想象无数有机化合物附在陨石表面如雨点般坠落到地球上，最后布满整个地表。其中还混杂着一些膜状分子，在这些分子的内部，或许每天都在进行着数十亿次生命实验。而地球只需要其中一项能够生产出具有复制能力的简易早期细胞的实验即可。这种细胞将成为后续进化过程的焦点。或许，只要原料齐备，生命的出现连一天都用不了。

这些问题的背后还潜藏着无数其他谜团。蛋白质、DNA和RNA等这些生命分子，哪个最早出现？如果最早出现的是蛋白质，那么细胞是怎么在尚未开发出编码机制的情况下记忆蛋白质的生产方式并将其代代相传的？或许，先出现的应该是编码机制。然而，如果遗传密码——第一批可以实现编码功能的RNA或DNA——是生命的开端，那么它的作用是什么呢？只是一串没有任何蛋白质可供转化的神秘代码吗？或许，这种早期遗传密码本身就是一种化学反应器，这种化学形式同时承担了编码功能和催化功能，但是这样的话还有蛋白质什么事？如果事实果真如此，那么蛋白质是后来才加入的这场派对，起到的作用只是提升了生命结构的复杂性，增添了更多可能出现的结构形式。

有两种方式可以解释这些问题。一种方式是，这些问题或许告诉了我们早期生命结构的多种多样。蛋白质先出现或者核酸先出现，又或者两者一起出现，都是可行的。或许，在这同时开展的数十亿项实验中，出现的先后顺序并不重要。由于实验数量实在太过庞大，所有分子排列都可能反复出现，直到在这锅行星际化学物质汤中出现了能够产生细胞的特定化学物质组合。或许，在早期地球上，各类原初生命形式展开了激烈的全球竞争。就当时来说，其中的任何一种都有可能成为日后所有地球生命的始祖。

另一种看待这些早期分子混合物的方式则是，它们都是没有生命的，直到一种特殊情况发生。按照这种观点，蛋白质、遗传分子（DNA 和 RNA）、膜结构分子以及生命的其他构件频繁地在早期地球上"翩翩起舞"。周围环境中的能量不停拖拽着它们，直到出现了某种恰到好处的组合方式，第一个细胞就这样出现了。按照这种设想，早期地球表面也仍旧到处都是原始有机物，但其中大部分物质的命运都停留在有机物状态，毫无生气。各种原初生命形式（或者说有机物组合）之间不存在任何竞争，也不存在进化实验的温床。相反，只是在地球的某个角落随机出现了一次标志着生命进化史上重大胜利的变化——组成生命的所有必要组件莫名其妙地同时出现在同一个膜结构分子中。于是，它们就在这片区域里发生了化学反应，并且最终向外鼓胀直至打破膜结构。就这样，地球历史上首次出现了细胞分裂。原先的细胞分裂成了两个，它们各自包含着虽然小但完全一样的分子。这个过程还没结束，它们还会继续分裂。又经过三次分裂后，地球上就有了 16 个这样的细胞，并且它们每隔几分钟就会分裂一次。再经过三次分裂，这样的细胞就有 128 个了。再来三次，细胞数量就破千了。一天之内，这些细胞会征服整个世界。地球从此生机勃勃，生态圈也由此诞生。

宇宙中可能到处都是行星，海浪一遍又一遍地拍打着海岸，热液喷口和海滩日复一日地推动着氨基酸、膜分子等所有生命构件，可就是看不到一个细胞。这些生命实验虽然失败但充满希望，孕育生命的可能从未破灭，因为所有生命必需的化合物都已齐备，而且原材料周围并不缺少启动化学反应的充足能量。想象一下那些散落在客厅地毯上的儿童积木，再想象一下用这些积木搭成的高耸的天主教堂，随着时间的推移，地球生命迟早会实现这种飞跃。不过，在地球之外，生命原材料和真正的生命之间的鸿沟可能始终无法逾越，就如同积木与积木搭成的天主教堂一般。

通过考察其他世界、寻找地外生命以及继续在实验室中开展相关实验，我们或许终究会明白：地球到底是幸运的孤例，还是无数寻常星球中的一员；是否只要像地球一样拥有遍布全星球的基本分子，就必然会孕育出生命，又或者我们只是某个极其特别时刻的产物。虽然同智慧外星人展开科学、文化交流的愿景令我们神往，但我们之所以寻找宇宙其他地方的生命，还有更为基本的科学原因。那就是，我们可能在这个过程中发现一些关键线索，它们能够解释我们的世界是怎么变成现在这个模样的。

在这次从火车站到基督圣体学院的短暂打车之旅（可能只有几分钟）中，我没有时间向司机先生解释这段漫长且充满不确定性的历史。每当面对生命是否必然会出现的问题时，我总是以失败者的姿态总结陈词。"我没法回答你这个问题，"我当时就是这么跟司机先生说的，"但是，也没有人可以回答你的这个问题。这也是它吸引人的原因。我们不知道生命究竟是稀有还是普通。"我们在学院门口停车后，他微笑着摇了摇头，说道："是的，是的，越是这样看似简单的事，我们越是无法回答。"我点头表示同意，并且表示了感谢。他最后的这句评论体现了看似高深却又朴素的真理。对于许多令人望而生畏的问题，我们现在都已经有了答案。我们已经能够详细解释人体、环境、宇宙的许多奥秘。然而，对于那些基本且看似简单的问题，我们现在还没有什么头绪。我们可以追溯各个物种的演化过程，追溯到几万代之前，但我们就是无法解释地球上最初的生命是怎么出现的。对此，我只能递上车费，走到车外。

天空可以美到让你无法呼吸，哪怕它里面其实含有供你呼吸的成分。地球大气中的氧气是一种看不见燃料，为我们以及大半个生态圈供能，这也是科学家总是热衷于寻找其他行星上的氧气的原因。

第 16 章

我们为什么需要呼吸氧气？

在给服刑人员上完课后，从爱丁堡女王
陛下监狱乘坐出租车去布伦茨菲尔德。

一个清冷的早晨，潮湿的空气黏糊糊的，好似糖浆一般。这种天气能够让你真切地意识到自己生活在地球大气中。

"外面可真冷啊，"驶出监狱大门时，司机先生咳嗽着说。上车之前，我和一些服刑人员讨论了一下他们设计的月球基地。这是"超越生命"项目的一部分，这项计划旨在通过太空探索成就向服刑人员传递科学理念、增加相关知识。

"实在是太冷了，冷得像把空气冻成石头一样，感觉能把它吃下去了，"我提出了一个可能有些奇怪的说法。

　　"这种滑稽的天气很常见。对于我们这些常年在这里生活的人来说，已经习以为常了。"他评论说，接着还问起了我的工作。我觉察到他是一个爱攀谈的人。有时候，出租车司机身上的这种特质会在你进入车里的那一刻扑面而来。你进到车里并落座，只说几句话——哪怕只是和寻常的问候方式稍有不同——他们就会把这看成一个聊天的契机。这位司机说着说着就端坐了起来，又粗又黑的眉毛投射在后视镜里。与此同时，他的胳膊有些随意地搭在方向盘上。他穿着一件黄色外套，衣领很高，包裹住了灰黑色头发的下沿。我向他解释了我的工作。

　　"所以说，你是一位科学家。那么，跟我说说有关空气的情况吧，就比如空气是怎么来的，为什么我们可以呼吸空气？"他问道。

　　在出租车里被问到这个问题可不常见。实际上，这个问题放在哪里都有一种稍显超现实的意味。不过，从另一个角度说，地球大气历史也确实是一个很有意思的话题。每年，我都会给天体生物学本科生教授有关这方面的知识。时日一长，我甚至都忘记了，还有很多人根本不了解氧气的来历，不了解氧气是怎么进入地球大气和在地球大气层中积聚，并成为可供我们自由呼吸的重要气体的。不过，显然有些出租车司机对此感到好奇。

　　一个寒冷冬日的早晨，我静静地站在那里，看着远方的田野，脚下的草地结着霜冻，鸟儿轻柔地鸣唱，薄薄的晨雾弱化了鸟鸣，也模糊了树木的轮廓。我发现，于此时深吸一口寒冷、新鲜的空气，算得上是全英国乃至全世界最美妙的体验之一了。不过，郊野的环境并不总是如此。我们回溯往昔，更准确地说，是在45亿年前，此地的场景必然大为不同，在你面前的都是熔融岩石。原初太阳系的气体盘凝聚成了地球表面——实际上，太阳系所有行星都诞生于这个气体盘——而你则站在地球第一代火山陆地上。脚下干燥的棕色岩石一直延伸到远方的地平线上，岩石的小孔里飘出来蒸汽，那是地表火山的喷口，无数火山气体从这里喷薄而出。此时的地球没有任何生命的气息。不过，就是这样一个死寂的星球后来孕育出了第一代生物。当时的地球还有一些与如今大为不同的地方。要想站在当时的地球上，就得佩戴防毒面具，而且面具还得与氧气瓶相连。只有这样，我们才能安全地通过玻璃镜片观察周遭环境，千万别把面具摘下来，否则你会立刻窒息而死。

在我们驶出监狱大门时，我开始讲起了这个故事。"所以，你得想象站在一块巨大的灼热的岩石球上，这个球后来就演变成了地球，"我说，"此时的大气中根本没有氧气，没有任何可供呼吸的气体。整个地球都包裹在早期气体之中。这些气体要么来自地球自身，要么是地球形成时期的残留气体。"

"地球诞生伊始，这颗岩石球炽热无比，大气很有可能由氢气和氦气组成。由于这些气体非常轻，它们很快就会逃逸到宇宙空间，过不了多久，便只剩下从地质运动活跃的地球内部翻涌、升腾而出的气体。很快，这些有毒气体就会形成厚厚的大气层。

持续不断的火山喷发让地球大气中充斥着一氧化碳、二氧化硫、硫化氢、氢气、二氧化碳，另外一大堆直到今日仍旧会从地球内部冒出的其他气体，只不过它们的浓度要低得多。"

"那可太要命了。"司机先生插话说。

"没错儿，全是有毒气体。"我说。

确实，至少对人类以及如今生活在地球上的大部分生命来说，当时的地球大气毒性很强。不过，原初地球并非完全不适合生存。生命以微生物的形态出现后，其中许多都以原初地球大气中的气体为食，从中摄取生长和繁衍所需的能量和养分。它们"咀嚼"大气中的氢气和二氧化碳，并且在这个过程中产生甲烷。甲烷这种气体常常与奶牛放的屁联系在一起，但它实际上早在原初地球上就普遍存在了。更重要的是，甲烷还是一种可以令行星升温的潜在温室气体，与每个关心当前气候变化问题的人息息相关。还有一些微生物以硫酸盐矿物为食，产生硫化氢气体，随后这些气体又被其他微生物所吸收，参与它们的代谢过程。就这样，碳、硫、氮等元素的大循环开始了，地球生态圈启动。当然，这样的过程如今仍在继续，背后的推手也仍旧是那些古老微生物以及它们鲜有改变的后代。

这种没有氧气参与的生活其实颇为艰辛。虽然彼时的气体资源很丰富，但它们产生的能量并不多：相比你我从三明治以及以氧气为基础的新陈代谢中汲取的能量，这些早期微生物从上述所有原初物质中获取的能量不足1/10。甚至有一些食物形式——本质上多是铁元素的各种组合和变化形式——产生的能量不足 1%。不过，这些能量刚好足以满足生命在进化原初阶段的成长和生活需要。

"然后怎么样？地球大气就这样保持这种状态？"司机先生问道。

"维持了很久，"我回答说，"生命像这样持续了好几十亿年，可能还要更久，其间没有大的变化。那时的地球就是一个被黏液覆盖的微生物世界。"这些无需氧气也能生存的生命形式，即所谓的"厌氧微生物"，起初生活在海洋中，后来迈向了陆地，甚至还在地底深处的岩石层中"吃"出了一番天地。接着，"重大变化发生了，"我解释说，"某种微生物率先发现了一些奇妙的东西，它们学会了怎么用水来满足自身的能量需要。"

你会发现，支撑生命的关键要素——水——中蕴含着电子，从理论上说，生命是可以从这些电子中获取能量的。然而，要想真的利用水中蕴含的电子获取能量，没有一些化学"巫术"，恐怕是办不到的。首先，生命得打破水分子，才能释放出其中的电子，这并非易事，需要某种特殊的催化剂。接着，电子本身也需要借助太阳光激发能量。如果没有太阳光，电子本身的能量就会相当微弱。因此，只有恰到好处的遗传物质组合才能打通这条利用电子供能的化学之路。这就是生命在诞生之初的 10 亿年里没有多大发展的根本原因——需要漫长的时间才能等到上述条件出现，才能找到正确的生化魔法孕育这些会利用太阳能和水的细菌。这些全新的生物率先掌握了光合作用这种能够产生氧气的供能系统，它们可以借助太阳光和水在全球范围内生根发芽、茁壮成长。

司机先生聚精会神地听着。"那么，为什么是水？"他问道，"地球上到处都是水，应该很容易找到，对吧？"

"太阳光也是一样。"我回答说。只要是在地球表面生活，太阳光随处可见。至于水，地球表面大约3/4都被水所覆盖，江河湖海乃至小小的池塘中都是水。于是，可供地球生命享用的食物就相当充沛了，比起之前只能食用少得可怜的硫化氢或氢气气泡，微生物的生活质量大大提升。当然，严格来说，这些古老的能量来源也并非十分稀缺，只是要想稳定地收集这些气体，就必须待在环境恶劣的火山热液或者海底热液喷口附近，因为只有这些地方才会产生大量硫化氢或氢气，如果树距甚远，就必然被其他微生物捷足先登，而水则几乎遍地都是。

在第一种懂得利用光合作用的生物出现之后，竞争就立刻不复存在了。那些以硫化氢等气体为食的微生物仍旧存在，但它们根本无法与懂得利用光合作用的生命竞争，因为对后者来说，整个地球到处都是免费的午餐。这些新微生物，也就是蓝细菌会迅速占领每一处自由流动的水体，从此走上伟大的进化之路。接着，蓝细菌还会同其他细胞结合在一起——具体来说是吞噬那些细胞——形成藻类，而藻类后来则进化成了植物，并且最终进化成征服大片土地的玫瑰和树莓。如今，你在地球的海洋和陆地上见到的每一抹绿色，它们开展的光合作用都可以追溯到数十亿年前的那个发现：水提供电子。毫无疑问，等待着蓝细菌的是无比辉煌的未来。不过，让我们先把目光转回蓝细菌刚刚诞生的那个时代。彼时的它们还只是一种单细胞生物，在原初地球上做着自己的事情，同其他微生物一样自我复制、繁荣滋长，发生其他各种在这个星球上随处可见的代谢作用。

"最重要的是，"我对司机先生说，"这些诞生不久的新生物不只是一种普通微生物。它们在分解水、收集阳光以满足自身需要的过程中，还会像我们所有人一样产生废料。这种废料就是氧气。这些气体在江河湖海的表面慢慢积聚，最后才有了如今地球大气中的氧气丰度。"

这个积聚过程需要很长时间，一部分原因是氧气总会消失。在仍旧包含大量活跃火山气体的早期地球大气中，氧气并不能长时间存在。它会和甲烷、氢气等气体发生反应，就此消失。即便是海洋中的铁都会和氧气发生反应，从而起到清除这种气体的作用。在这个时期，虽然能够释放氧气的微生物卖力地干着它们的活儿，但对周遭世界的影响微乎其微。

我这天的乘车之旅就像是一场地球生命演化的回溯之旅。路途中的每一千米差不多相当于我讲述的生命发展史的 10 亿年：我们驶出监狱大门时，我讲到地球刚刚形成时；驶入乔吉路后，微生物已经知晓了如何分解水；来到干草市场附近时，我已经讲到地球氧气含量激增，地球环境变得更适宜动物生存。

　　说到这里，你可能会问，这些都是童话故事吗？我是怎么知道的？我怎么就能确定告诉司机先生的这些故事都是真的？难道是有时光机器？好吧，确实有一些类似的东西。当然，我没有可以逆时间长河而上的真正的时光机，但地质学家可以以一种间接方式实现时空旅行。他们可以把深埋在地下的岩石挖出来，看看到处都在沸腾的早期地球上出现了何种矿物。这些矿物中蕴藏了有关彼时地球大气的线索，因为矿物在暴露于不同气体环境中时，性质也会发生相关变化。举个例子，当岩石暴露在氧气中时，它们往往会形成各种氧化物，用通俗的话说就是，这些岩石"生锈"了。氧气对矿物的侵蚀作用非常明显，就像它们会使你自行车上的那些金属生锈一样。

　　好了，现在时间旅行正式开始。随着时间的推移，这些氧化的矿物被逐渐埋藏到地表之下。于是，等到数十亿年后，当地质学家把这些古老的岩石挖出来时，它们就成了时间胶囊。地质学家可以通过研究这些岩石知晓，当它们处于地表上时周围有哪些气体，从而掌握有关古代地球环境的信息。正是通过这种方法，我们知道在距今大约25亿年前的岩石层中，这类氧化物矿物并不多见。相反，我们在这一时期的岩石层中找到的基本都是那些在无氧大气环境下形成的矿物。换句话说，在我们从地下深处挖出的样本中，少有历史超过25亿年的氧化岩石，但相对年轻的氧化岩石就很多了。我们据此知晓，早期地球鲜有我们如今习以为常的氧气。

氧气能在后续阶段出现，还要感谢另一项重大进展。还记得吗？在蓝细菌生产氧气的同时，大气和海洋中的铁也在持续不断地消耗氧气。不过，最终那些化学性质活泼且能够与氧气结合的物质消耗殆尽了，它们的数量不足以消耗完蓝细菌生产出的所有氧气。于是，未被消耗的氧气开始在大气中积聚起来。此时，世界各地的蓝细菌仍在"忘我"地生产氧气，于是，地球大气中很快就出现了大量氧气。

故事说到这里，你不要觉得这一切很容易。如果这一切真的唾手可得，那我们找到的地质学证据就不会只有现在这些，而是应该大为不同。我在前文中介绍的只是整个故事的梗概，略过了其中的波澜曲折。如果实际情况的确如此简单，那么随着"固氧"反应速度的减慢，微生物稳定地把更多氧气送入地球大气，大气中的氧气浓度应该平稳地上升。然而，地质学证据显示，事实并非如此。相反，早期地球大气中的氧气含量上升得非常迅猛，至少从地质学的时间尺度来看是这样的。很快，氧气浓度从几乎为零上升到了现今浓度的千分之几。这个改变快速且重大，其间一定还发生了一些影响十分深远的事，打破了平衡。

至于究竟是什么事件起到了这样的加速作用，时至今日仍没有定论。不过，事实就是，这个转变确实出现了：大约距今25亿年前的时候，地球大气中的氧气含量确定无疑地上升了。这样的地球大气组成大约维持了18亿年。再后来，氧气含量再一次飙升。大约7亿年前，地球大气环境发生了第二次大规模变化。这一次，氧气含量突然上升到接近今时今日的水平。对此，我们也同样不知道原因，但无论如何，地球迎来了新的时代。

"我明白了，"司机先生说，"所以这就是氧气的来源。我猜自那之后，地球上的动物就像如今的你我这样呼吸氧气。我现在明白了。"

"有意思的是，"我解释说，"氧气并不是一种普通的气体。我们之所以可以通过呼吸氧气获取做各类事情的能量，是因为氧气是一种强力助燃剂。这意味着，它很适合用来'燃烧'其他东西——每当你点燃篝火或烧烤架时都会清晰地意识到这点。利用氧气做助燃剂，我们就能用废报纸或煤炭生火，从而获取能量。原理上，生命体内的反应与此并没有什么差别。"

最后这句话完全是字面意思。人体实现的化学转变的确与篝火别无二致，都是在氧气中燃烧有机物——就人体来说，这些有机物就是你吃下去的熏牛肉或腌菜。人体和篝火的最大区别在于，前者的"燃烧"反应是在细胞内的受控反应，如果不严加控制，你就自燃了！

"而且我们因此获得了大量能量。"司机先生机智地总结说。

"完全正确，"我说，"想想篝火你就知道，在氧气中燃烧东西，可以释放出大量能量。当生命知晓了这一点后，它们就掌握了一种可以自行支配的反应方式。而且，通过这种方式获取的能量远多于吞食早期地球产生的火山气体及岩石。就这样，蓝细菌在惊奇地发现可以通过分解水获取能量并生产出氧气这种废料的同时，也在不经意间启动了一场生物能量革命。"

这场革命意义巨大，因为有了氧气这种新助燃剂，全新的生命形式开始萌芽。尤为重要的是，有了氧气作为能量储备库，生命的体型变大了。细胞之间开始展开合作，形成一种更大的结构，这就像是大型发电站预示着城市的大幅扩张一样。距今大约5.5亿年的化石证据表明：动物以及最后演化出人类这种脊椎动物的多细胞生物，在这一时期开始登上地球生命史的舞台。许多人认为，生物的这种进化与地球大气中氧气含量在短期内的迅速上升有关——当然，这里的"短期"还是从地质角度而言的。

生物的体型与进化速度之间关系密切。"大"意味着"新"——新能力，与周围生态学系统（包括身在其中的其他动物）发生相互作用的新机遇。重要的是，动物体型增长后，便有了吃掉其他动物的能力。反过来，那些成为猎物的动物也会为了避免自己成为别人的晚餐而不断变大。于是，体型更大的动物就更能繁衍并传播自身基因。氧气启动了这场体型与复杂性的生物军备竞赛。

这场军备竞赛的结果就是"寒武纪生命大爆发"——我们在这个时期的地质学样本中发现，突然出现了许多复杂动物的化石。人们常常把寒武纪同动物的起源联系在一起，但实际上，在寒武纪之前的埃迪卡拉纪化石记录中就已经出现了各种怪异的煎饼状和叶状生物。虽然寒武纪并非动物的起点，但这个时期的生物演化一定出现了重大的飞跃式进展，比如动物体型迅速提升，出现了拥有骨骼的动物。地质学证据显示，那个时期的动物骨骼在岩石中保存得很好、数量也很多，因此，寒武纪时期动物数量显然"爆发"了。

另外在寒武纪时期，动物不只是体型变大。它们积攒的能量越多，食物链就越长。一种动物可以以另一种动物为食，但它们自身也会进入其他动物的"食谱"。捕食者同时也可以是猎物。随着能量利用效率的上升，食物链也变得越来越复杂、越来越耗能，分布范围也越来越广。实际上，用"链"来比喻是不够恰当的，因为各种生物之间的依存关系从来就不是泾渭分明的，更强大、更复杂的动物并不单单以食物金字塔下面一层的动物为食。相反，寒武纪生物化石告诉我们，那个时期的各类生命形成了纵横交错的网。就这样，在短短的时间（还是从地质学角度来说）内，地球生态圈就从10多亿年的微生物泥沼一跃成为我们如今熟悉的各种生物（当然，那个时候还只是如今这些生物的祖先）蓬勃发展的五彩世界。正是因为氧气的存在，犬类、蜻蜓、食蚁兽和土豚才能出现。

在驶出女王陛下监狱大约20分钟后，我们的车开到了布伦茨菲尔德广场。我讲到了地球氧气含量第二次飙升以及动物接管地球，它们在海洋中闪闪发光，不知疲倦地爬上陆地。"我猜，这对我们来说也是必需的，"司机先生说，"我们也需要很多能量，因此，地球氧气含量的升高对我们来说也很重要。"

　　"我们的大脑需要很多氧气，"我肯定了他的想法，"大脑运行功率大概是25瓦，比一个传统灯丝灯泡的功率还要小一些。我常常跟学生提起这个比喻，人就像灯，到最后身死灯灭。而我们的身体大概需要75瓦的功率才能跑、跳、滑。也就是说，人类这种掌握了建造宇宙飞船能力、平日里喜欢上网看撸猫视频的多细胞智慧生命的运行功率约为100瓦。对现代家庭来说，这种能量需求可以说是微不足道，但对生物来说，这绝不是一项轻易就能满足的需求。氧气的出现恰好补上了这个供能缺口。"

　　因此，氧气让我们成了可以使用大量能量的生物，但氧气是不是必需？这是一个很宏大的问题：如果没有氧气，是否会有生命的繁盛和智慧生物的出现？或许，地球大气氧气含量的上升与动物的出现在同一时期发生只是一个巧合：或许没有氧气，地球也能孕育出复杂的生态圈，这并非全无可能，当然这也的确很难想象。要是没有氧气，首先，我们就得以岩石为食，并把大量时间花在寻找这些矿物然后将其打碎以便吞食上。这显然很不方便，而且大大限制了我们的生活范围。相比之下，氧气就在空气中，几乎到处都是，无论我们身在哪里，只需吸入即可。当然，其他气体也有类似的功能，比如硫化氢，但它们能提供的能量远小于氧气。这就意味着，我们要么放弃现有的部分机能，要么需要花比现在多得多的时间用于进食。显然，整日吃草绝对是一种低效的能量摄取方式。狩猎、种地、喂养家畜都需要很多时间。如果采取低效的能量摄取方式，就意味着人类除了吃，什么都做不了。

因此，虽然我们不能绝对肯定，但至少从表面上看，动物以及智慧生命的崛起与地球大气中氧气含量的上升存在直接联系。至少，这是我们目前提出的最完善的假说了。如果这个假说正确，那么或许就能解释为什么地球在那么长的时间内一直为微生物所统治。毕竟，微生物出现后，动物也一定会诞生，且它们的登场不会受到限制（比如缺少氧气），那么为什么动物不提前十几亿年出现？微生物长时间统治地球这个事实表明，一定有什么因素制约着生命的发展。动物崛起之前地球大气中氧气含量的上升正是这场大革命的导火线，为生物复杂性变革提供了能量上的储备。

随着动物跌跌撞撞地登上了地球历史的舞台，这颗星球也就此热闹了起来，告别了微生物时代一切都在寂静中发展的平淡。有意思的是，7亿年前的这次氧气含量飙升以及随后出现体型更大、能力更强的动物，并非最后一次。按照如今学术界的观点，大约3.5亿年前，地球大气中的氧气含量再次飙升到约35%，大约1亿年之后氧气含量才下落到了接近现代的浓度水平。

说到这里，你很可能会觉得，氧气含量的进一步上升意味着又会出现体型更大的动物：空气中有了更多氧气，动物就能摄取更多能量。可以肯定的是，对某些动物的确如此，比如大部分昆虫，它们依赖气体扩散的方式让氧气抵达全身。与你我不同，大部分昆虫没有可以像水泵一样抽送氧气到身体各处的肺——不过，有些昆虫，比如蟑螂，可以借助腹部做抽吸动作——只有让气体通过那些狭窄的通道器官，它们才能一点点儿渗透到身体中。于是，我们很自然地就会想到，如果地球大气中的氧气含量上升，那么氧气就能以扩散的方式抵达昆虫体内的更深处，昆虫的体型就会变得更大。

实际上，也确实有证据支持这种猜想。3亿年前的化石记录中确实出现了不少体型惊人的昆虫，比如巨型蜻蜓。这种生物的学名就叫"巨脉蜻蜓"（*Meganeura*），现在已经灭绝。巨蜻蜓与原蜻蜓目生物有亲缘关系，翼展远超1米，是一种凶悍的掠食者。在石炭纪的庞大森林中，巨蜻蜓一旦发现目标，便会俯冲到低矮灌木附近，捕食各类昆虫。它们的食谱里甚至可能还包括最早的四足爬行动物。也是在这一时期，体型怪异的多足类生物以及身长超过一米的唇足类生物也在地球上欣欣向荣。当它们在古代森林中穿行搜寻猎物时，它们那巨大的足摩擦地面，发出沙沙的声音。

这些强悍的巨大生物是不是地球大气氧气含量上升的产物？氧气的增加是否让它们变得更加巨大，长成如同哥斯拉一样的怪物？这是不是一个属于昆虫的时代？从直觉上说，这很有可能是真的，但有些学者对此表示怀疑。氧气含量的增加的确会提供更多能量，但也会产生更多具有破坏作用的自由基——化学性质活泼的氧原子和氧分子，它们可以粉碎构成生命所必需的分子。据此，我们可以提出这样一个观点：对于像昆虫这样以扩散方式被动吸入氧气的生物来说，地球大气中氧气含量的大幅提升会导致它们体型变小。

好故事总是让人欲罢不能，对人类来说，巨型蜻蜓也无疑具有别样的吸引力。但无论事实如何，科学家总体上都认为，氧气的确在地球生命的演化中起到了关键作用。纵观地球历史，在许多至关重要的演化阶段，氧气总能适时出现，这不得不让我们怀疑氧气与地球生物的演化之间存在莫大联系。在所有这些以生命演化为主题的侦探故事中，谁才是在黑夜中行动的元凶？氧气！

对于氧气的这种关注，也解释了为什么天文学家热衷于寻找系外行星（环绕遥远恒星运动的行星）上氧气的踪迹。因为如果我们能在系外行星大气中找到氧气，并且确定其不只源于一个地质学过程，那就可以证明该行星生物圈已经进化出了光合作用。当然，其他行星上存在氧气并不一定意味着那里出现了动物乃至智慧生命，因为那里同样有可能刚刚进入含氧阶段，就像十几亿年前复杂生命还未出现在地球上一样。不过，这的确能证明目标系外行星做好了能源上的准备，拥有孕育动物和智慧大脑的潜力。要是我们能找到许多氧气浓度很高的系外行星，那就说明其中很可能至少有一两个产生了类似地球的生态圈，甚至可能拥有了像人类这样的智慧生命。如果富氧系外行星不多，那我们当然就有理由怀疑以氧气为能量来源的智慧生命相当稀缺。

我到家并付完车费时，与司机先生的这场生命回溯之旅也刚

好结束。此时，地球已经拥有了现代大气组成，也就是我们如今
不可或缺的这片大气。我向司机先生表达了感谢，感谢他这一路
上的陪伴，然后走出车外，深深呼吸了一口冰冷的新生代空气，
继续前行。

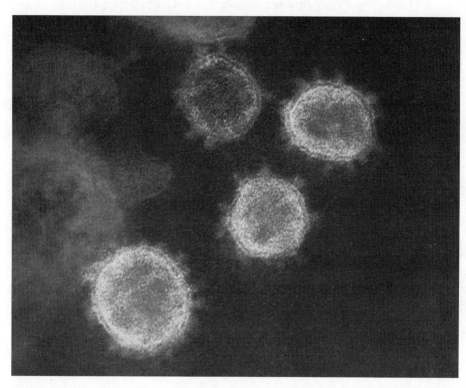

新冠病毒本身不过是一团直径约 100 纳米的无害惰性分子。但它一旦进入细胞，拥有了自我复制的条件，就能引发全球疫情。那么，这种病毒是生命吗？还是别的什么？

第 17 章

生命的意义是什么？

乘坐出租车去干草市场，赶火车去格拉斯哥讨论有关监狱教育的问题。

很少有事物能像太空探索一样激发我们如此强烈的好奇心。从尼尔·阿姆斯特朗踏上月球（这个事件在如今的孩子们看来似乎已经是非常久远的历史了）到火星车的探险，我们永远不缺能够激发公众好奇心的太空探索项目，哪怕一部分公众甚至不那么了解这类空间研究项目的科学目标。尽管人们在其他方面鲜有相同点，但宇宙的浩瀚、存在其他生命形式的可能性、移民太空的美好愿景无不牵动着大众的心绪。的确，所有人都能在太空探索这个话题上找到自己的位置，哪怕只是把它看作一种娱乐的方式。

正是基于这一点，2016年，我开启了上一章中提到的"超越生命"监狱教育项目。这个同苏格兰监狱系统和法夫学院合办的项目鼓励服刑人员设想自己就是未来的太空移民，要求他们设计月球空间站和火星空间站，以此激励他们参与科学、艺术以及其他他们感兴趣的活动和项目。项目参与者制作了空间站模型，写下了假想从火星发来的电子邮件，还创造了月球风的蓝调音乐。人类的一大梦想就是在其他行星上建立定居点，通过"超越生命"项目，服刑人员就能为这个雄心勃勃的计划贡献出自己的一份力量。目前，有两本介绍他们的图书已经出版了，他们的工作还赢得了国家级奖项和宇航员的表彰。对我来说，同服刑人员一起工作很有成就感，这是一个忘却学术成果期待、同那些我在整个职业生涯中都没有机会接触的人共同合作的机会。

很多时候，我外出讲座都是主讲科学主题，但今天，我的主要任务是讨论"超越生命"这个监狱教育项目的事宜。我在格拉斯哥同那些想要支持这个项目的同行做了深入交流。我坐上一辆黑色出租车的后座，就意识到自己遇到了一位健谈的人，并非所有出租车司机都喜欢聊天，有些就像石头一样沉默，但大部分司机热爱聊天。这位热情的司机大概40多岁，在我坐定后就表明他是一个健谈的人。"这个陈旧的世界还真是滑稽有趣，"出租车司机先生说道，"今天早上，我载了一位女士。她要去上佛学班。一路上，她对我说，万物皆有灵，我们都要经历六道轮回，因此，眼前的这一切都没有意义，只是为了等待来生。"

这个想法和我那天的工作倒是有些联系。为什么我要让监狱服刑人员设计火星空间站？为什么我觉得应该有人做这项工作？甚至为什么我会觉得，即便从最广义的角度看，移民太空也是人类文明最有价值的一大目标？在启动"超越生命"项目时，我没有任何特殊目的，但现在看来，我花在这个项目上的时间没有白费。不过，这一切到底是为了什么？我始终认为，生命本身谈不上有什么目的。繁衍和变异的循环、自然选择的旅程，都是自然而然发生的。而我们就坐在这辆以突变为主题的过山车上，这一切都不带有任何目的。我很想知道司机先生对这个问题怎么看。

"所以，你怎么看？"我问道，"你觉得生命到底是为了什么呢？"

"老兄，这取决于你对生命的定义。我是说，我们究竟是什么？"他回答说。这个答案直白且深刻。当我们使用"生命"这个词时，到底指的是什么呢？这个问题引出了一个很有意思的话题。

有些词有多重意思，"生命"就是其中之一。它的意义已经困扰人类几千年了。我们都争论过生活的意义究竟何在。从日常生活的角度看，我们想活下去，也得回答这个问题。只是原本宏大的命题细化成了更为具体的问题。我应该做什么工作？我应该住在哪儿？这些就是"生命"一词在日常生活中的具体表现。它们在平淡中体现了人类建立生命意义的强烈愿望和迫切需要。

隐藏在这些日常忧虑之下的是"生命"一词更为深刻、更具哲学意味的含义。从更普遍的意义上说，生命的目的究竟是什么？我们是否只是生命之浪上的乘客，命运全由冷酷无情的宇宙或者全知全能的上帝决定？又或者，这一切只不过是日复一日的进化带来的必然结果，其本身毫无目的或方向可言？如果我们接受了这种关于自身存在的潜在决定论观点，那么我们是否可以通过自行设立目标来赋予个人及文明生命的意义？

不过，我觉得这位司机先生在询问我生命是什么的时候，脑海中可能没有产生上述任何一种有关"生命"含义的解释。他当时想到的，应该是另一个深刻且有趣的问题。这个问题有关蠕虫、蜗牛、猎豹和人类等一切生物。他想的是，我们称之为"生命"的这些物质，它们到底是什么？生命与物品之间的区别在哪里？为什么一个是活物，另一个则相反？

这无疑是一个深刻的哲学问题。它就像一片潜藏在水下的暗礁，自古希腊的伟大思想学派开始，无数智者都在此地触礁沉没。无论多么客观、多么遵循还原主义、多么忠于物质本身，都甚少有人觉得生活是一张桌子或椅子。从本质上说，到底是什么让我们眼中的那些"活物"变得如此生机勃勃、活力四射？

在我们知晓原子和元素究竟是什么之前，古希腊人认为生命包含一种特殊的成分。借助那些解释宇宙构建方式的理论就不难解释这种现象。生活在公元前5世纪的哲学家恩培多克勒在尝试解释为什么不同物体由不同材质构成时，提出了一个绝妙的观点。他认为，万事万物都由4种物质构成：空气、水、土，以及最关键的火。这4种物质以不同比例混合,就能得到海洋、陆地、桌子、马车等一切事物。于是,生命就很容易解释了。相比寻常事物,构成生命的基本物质多了一种,也就是火。火让生命活力无限,也让生命性格多变、变幻莫测。

亚里士多德的观点与恩培多克勒类似。亚里士多德认为,宇宙中的万事万物都由"质料"构成。这个方向完全正确。实际上,他的这个"质料"概念与现代物质观极为接近。不过,除了质料之外,亚里士多德还提出了一种叫作"形式"的神秘物质,并且认为"形式"由"灵魂"构成。在他眼中,所谓"灵魂",就是一种可以让物质具有思想的东西。植物的"灵魂"不多,只有一点儿;动物的"灵魂"稍多一些。毫无疑问,"灵魂"含量最多的就是人类,这也是我们具有意识的本源。在亚里士多德和恩培多克勒等人的生命观中,都隐含了一个不可动摇的前提:生命与非生命之间存在某些根本、本质的差异。

然而,到了17世纪,人们越发清楚地意识到,生物与非生物之间可能压根儿没有本质性区别,甚至可能连一点儿差别都没有。这个时期,化学家开始了更为细致,也更加系统的实验。在他们的努力下,各种元素的属性开始为人们所知。无数科学家通过挤压、研磨、加热、冷却、辐射、反应等方式反复对各种物质做实验,最后得到了一个无比清楚的结论:构成狗的物质与构成桌子的物质并无二致,无非就是碳、氢、氧等元素。世界万物都由完全相同的原子和亚原子粒子构成。活物与死物之间不仅没有明显区别，更是连模糊的分界线都看不到。化学家的试管中没有火，也没有灵魂。这让所有人都感到很不舒服。

为了摆脱物质的这种平庸性，我们需要发现一些新的理论。于是，那些在亚里士多德"灵魂"理论中找到了生命特殊性的人又杜撰了一种重要的力——生命冲力（élan vital，简称"生命力"）。有了这种力，人类以及其他生物就不再是元素周期表中的原子的堆积物了，那简直算得上"生命之耻"。按照生命冲力理论，生物来到这个世界之时，就被注入了生命冲力。自这个概念诞生以来，无数严肃科学家和科学怪人前赴后继地尝试为这种不同寻常的力提供理论和观点支持。有学者认为，生命冲力就是电的一种形式，正是电激发了生命。为了证明这个观点，他们展开了大量疯狂且大胆的实验：将动物器官连接到各种新奇的电力装置上，以探索生命冲力的本质。然而，这些浩如烟海的奇思妙想、精心设计的实验都不能证明生命体中有什么物质是非生命体所没有的。

虽然生命冲力理论最后以失败告终，但寻找生命体与非生命体之间本质性差异的脚步并没有就此停歇。研究人员开始把注意力转向生物的行为上。在他们看来，行为或许是区别生物与非生物的关键性特征。看看沿街游荡的小狗，然后问自己这样一个问题：对于这个生物，究竟是什么让我觉得它是活物？在这个时候，你得暂时抛却任何宗教倾向以及所有没有实证的浮夸成见，实事求是地问自己这个问题。于是，你可能这样回答。首先，你可能会发现，狗的行为很复杂并且难以预测。这的确与桌子等非生命体完全不同，后者只能"沉默不语"地待在那儿，行为完全可以预测，在日常使用和自然侵蚀下慢慢衰败。其次，你可能会提出，狗能生育。两条狗交配后就能生出小狗，这显然也是桌子这类死物做不到的。两张桌子"交配"生出小桌子，好莱坞恐怖电影都不敢这么拍。此外，小狗还会从一团走路不稳的毛茸茸的小球长成步伐稳健的成年大犬。而桌子永远不会生长，在上面放一片叶子，只能扩展桌子的表面范围。

借助生命的这些特征，我们可以着手列出狗这种生物与桌子这种非生物的区别。然而，如果继续深挖下去，我们就会发现，这些貌似明显的区别并不能轻而易举地推广到所有生物与非生物的比较中。龙卷风在肆虐时，"行动"轨迹就像狗一样完全无法预测，它们会以各种方式呼啸而过，像蛇一样裹挟无数屋顶和碎石。这就是说，并非只有生命体才拥有复杂的行为。另外，虽然桌子的确不能生育，但有些非生命体是可以"繁衍"的。在化学原料池中生长的晶体会自我分裂，且分裂后的子代都能独立生存，这就有点儿像某种原始形式的繁衍。如果你把晶体放到液浴中，它们也会生长，从一个微小的核长成拳头大小的一团。这种生长和小狗的成长并没有本质区别，虽然肯定也简单不少，但无疑也是生长。

这就是问题所在：我们不断地列举出生命的各种行为和特征，并且尝试认证它们作为生命体的专有特征，然而，实际上对于每一个所谓的生命独有特征，我们都能在非生命体中找到例外。哪怕是新陈代谢这种完全属于生物化学领域的反应，也并非生命独有。我在前文中就介绍过，"燃烧"三明治获取能量与森林大火之间并没有本质差别。森林发生火灾的时候，像树这样的有机物会在氧气中燃烧并释放出二氧化碳和水。这个过程和你我体内的生化反应完全一样，只不过人体内的反应范围局限在各个生命细胞之内，因而可控性更强。

进化似乎是最后一座堡垒了。这种不可阻挡的变异和选择过程总该是生命特有的吧？毕竟，如果没有遗传密码，也就根本不可能出现进化。然而事实证明，进化也并不局限于生态学领域，甚至不局限于生物学领域。一些研究人员在实验室中成功地让分子实现了进化。计算机软件也能以某种类似遗传密码的基本形式实现进化。只不过，有些人认为这些程序是人类大脑这种进化产物的思考成果，不能算作非生命世界进化现象的明确证据。

更令人尴尬的是：有很多我们认为是活物的东西不具备我们认为生物具有的特征。咖啡桌无法生育，这是我们将其排除在生命俱乐部之外的一大基本原因。然而，骡子也同样无法繁衍后代。当你在尘土飞扬的马路上碰见这种从出生起就没有生育能力的生物，看着它们拉车，你会毫不犹豫地称它们是机器，是一种非生命实体吗？再比如你、我和兔子，单个人和单只兔子都无法自我繁殖，需要和另一半一起才能生出后代。那么，独自在田野中跳跃的兔子就是死物？只有当它幸福地找到伴侣时才会活过来？很快，我们就会发现自己陷入了一种尴尬、荒唐的境地，在这场捍卫生命独特性的战斗中节节败退。

前文提到的因著名的猫思想实验而家喻户晓的物理学家埃尔温·薛定谔也参与了相关讨论，但也没有收获多大的成功。他提出，生命会从环境中汲取能量，从而维持宇宙的秩序，同时也完善自身，将原子转化成小狗和树木。另外，从根本上说，地球生命所用的能量主要来自太阳。然而，虽然生命的确会利用宇宙中的能量构筑各种复杂机器，但这并非生命的专利。利用能量产生的复杂性出现在咖啡杯内液体的涡流和旋涡中，也同样出现在太阳表面汹涌翻滚的气体中。能量会在宇宙中不断耗散，它们会不可避免地落入各处无尽的黑暗。在这个过程中，会出现短暂的局部复杂性，比如这里出现了一只小猫，那里的太阳磁场发生了大范围的位移。生命体的复杂性总是显露在外，而且这种普遍存在的现象总是会以特别精致的形式呈现。然而，许多非生命体的内部运作机制与生命体并没有任何不同，只是不那么外显、精致而已。因此，即便是探索外显复杂性的薛定谔等人也没能找到支持生命特殊性的有力证据。

在看过上述内容之后，你是否感到了绝望与无助？你只是想找出能区分生命体与非生命体的特征而已，无论是什么特征都可以，但是事与愿违。如果你现在确实这么想，不用烦恼，我和你一样，很多人都和我们一样。

通过找出与非生命体之间本质差别的方式定义生命，这种方法的问题在于，生命并不是静静地待在那儿等待我们去归类。就我们目前所知，还没有任何一种物质可以让你确认，"瞧，那就是生命"。相反，生命是一种我们凭直觉就能觉察到的物体属性，而且不同的人在各种不同的物体上都找到了这种属性。人类发明了"生命"这个词，因为它确实很有用，但其精确内涵尚未确立。这就让生命变得与那些容易定义的事物截然不同。现在，我们拿一种物质举例，比如金。请告诉我，金是什么。你或许一时想不到要怎么说，但只要上网查查资料，你很快就能给我列出一系列资料，准确地告诉我金这种物质到底是什么。你可能会提到它的沸点、原子序数、电子排布结构等。你可能会挖掘出足以精确定义这种珍贵元素的所有细节。哲学家称金这样的物质为"自然类"。被归为自然类的物质或事物，可以用具有精确定义的基本物理属性来描述它们的特征。然而，生命并不属于自然类。

　　至少目前不是。肯定有些人认为我们最终能够以定义金的方式定义生命。毕竟，金也并非一直属于自然类，但这取决于你询问的是哪个哲学家。（在此，我们还是先继续说下去。）如果你能当面询问亚里士多德什么是金，他肯定会朝各个方向挥动手臂，嘴里说着一些有关质料和形式的东西，时不时地还会提到灵魂。而你则会在他的说教下对所谓的原子之火有所认识，但你也会因此感到困惑。坐在古雅典的阳光之下询问亚里士多德这个问题之前，你无比确定金的成分，而现在，你动摇了，不那么确定了。然而，时代改变了。化学家最后捅破了这层窗户纸，他们开展了充分的研究,确定了这种材质的成分。现在,有了这些来之不易的知识,我们能够准确描述金的本质。对生命的定义也会这样吗? 或许将来有一天,在拥有了足够的生物学、物理学知识储备,且经过了长期努力之后,你也能在网上找到有关生命的确定性、排他性描述,然后不容置疑地告诉我生命的定义,就像金一样。

然而,还有另一种可能。我们可能永远都找不到生命的准确定义。如果我现在不让你定义金,而是让你给出桌子的定义,会出现什么情况? 你可能会这样回答:"嗯……桌子,就是一件可以在上面放东西的家具。"然后,我就会拿出一张凳子的照片。看着这把与小桌子极为相似的凳子,我会挑起眉毛让你作答。"嗯,"你可能只能支支吾吾地回答,"嗯……"于是,我们或许会在接下去的几个小时里争论到底什么才是桌子,也很可能转而讨论什么是凳子或者什么是椅子,说不定还会说起如果坐在咖啡桌上,是不是就把它变成了椅子。为什么这种讨论就像进了死胡同? 原因很简单。"桌子"这个词并非指向像金这样的某种元素或某种原子结构。相反,它只是人类杜撰出来,方便描述一系列具有相似功能的事物的。显然,大多数这些事物——桌子——是所有人都认得出来的。无论是你家的餐桌,还是英国女王陛下举办国宴时用的餐桌,哪怕它们差别再大,所有人都会一眼认出,那就是桌子。然而,如果仔细探究"桌子"这个词的含义范围,我们就会找到大量类似的物品轻而易举地证明,这个词只能提供语言上的便利,内涵却模糊不清,甚至引发矛盾。从直觉上看,凳子似乎就是椅子那类物件，不是桌子，但这是因为你大多数时候只是坐在上面而已。如果你仔细想想物理学层面上对桌子的定义，而不去考虑这类物品的使用意图，你就会发现，很难将凳子排除在桌子的含义范围之外。

或许，生命就像桌子一样，属于非自然类。这个词本来就只是我们给出的模糊定义，但从物理视角看，生命与非生命之间并不存在明确的区分。相反，思考分子与人类之间的层级差异可能更加有用一些。随着物质变得越来越复杂，它们具有了越来越多的生命特征。但这并不意味着生命就必须同时拥有所有这些特征，也不意味着生命的这些特征都要体现得那么明显。因此，虽然骡子无法繁殖，但因为它具备其他生命特征，所以它也是一种生命。从这种化学复杂性的视角来看，我们可以随意地划分生命与非生命，划分标准取决于你选择了哪些特征去定义生命。这样的定义也并非狭隘和无用。生命的定义本身就包括一些具有有趣性质的物质，它们可以生长、繁衍、进化、新陈代谢，以各种方式体现复杂性。这类物质总能吸引我们，不仅是因为我们自身就属于这个类别，更是因为我们总是倾向于将这类有机物独立出来，区别于其他所有物质，认为它们独一无二。然而，如果我们探索生命定义的边缘，会发现它们与其他物质融合在了一起，比如骡子和兔子，生命体和非生命体，具体什么物质取决于你玩的是何种文字游戏。

我们总是觉得生命与非生命之间应该存在某种区分，哪怕这类尝试屡屡受挫，也仍旧没有放弃努力。这种愿望的背后，不仅体现了我们对清晰语义的渴望，更体现了人类特殊的宗教及道德倾向。"非自然类"这个词本身，就已经在那些具有特别性质的有机物质团周围设立了藩篱，而且这些藩篱不固定，边界模糊。我们对虚无主义及其社会、道德内涵的恐惧迫使我们强烈抵制"生命是非自然类"这个概念。我们拒绝探索"生命"这个词的含义边界，因为我们担心某些细节会表明我们在这个物质世界中不该拥有特权。这种想法本身就会让我们重拾寻找生命确切定义的古老兴趣，我们会试图在语言学范畴内寻找灵丹妙药，一劳永逸地解决这个问题，清晰且明确地划定生物与非生物之间的界限，最终让自己无可争议、心安理得地坐在神圣物质生命世界的宝座上。

　　然而，我们是否真的有必要如此执着于区分生命与非生命？我们从这种执着中收获了什么？假如我们承认自己只是有机化学系统中的一部分——当然是其中颇为复杂、颇为独特的一部分——那么，在这个世界中，"生命"一词就只是一种粗略划分化学系统中生物世界疆域的有效方式。生活在这样的世界中，有什么不好的？虽然可能有人会担心陷入虚无主义，但没有谁的道德标准会因此而改变。难道仅仅是一个词的定义改变了，就会侵蚀你对其他拥有类似特征的有机物（或是其他为了方便而共享这个标签的物质）的同理心？确实，有些人可能会像煞有介事地辩称，承认生命属于非自然类会扩大我们的同理心范畴。或许，就因为这样的定义，那些原本介于生命与非生命之间的事物也应当得到我们的关爱。然而，给生命一个明确的定义可能会让我们像对待桌子一样对待骡子。如果我们能谦逊地承认人类不过是一些化学物质，而生命不过是一个操作有效的词，然后再讨论看待其他事物的方式，那么我们就会对万事万物都秉持谦卑的姿态，也就会严肃谨慎、深思熟虑地看待所有介于生命与非生命之间的事物，而不是像现在这样对那些所有贴着"非生命"标签的事物都冷漠异常。实际上，对于某些贴着"生命"标签的事物，我们也同样冷漠。

如果未来有一天，科学让我们更清晰、更明确地认识了生命的组成部分，那么我们就采纳科学的定义。在这样的定义下，生命与非生命之间的界限或许会变得更加明确、严谨，可我们为什么要为了满足对自身特殊地位的病态需求而拔苗助长式地推动这个过程？其实，我们根本不需要给出像黄金那样清晰的定义。

我个人的观点是，生命永远不可能变成黄金那样的自然类物质。"生命"一词永远是一种区分某些有趣物质的有效语义学方法。我的理由很简单，因为现实就是，生命并非像黄金那样只是一系列有序排列的原子，所以不可能像后者那样拥有明确且准确的定义。生命应当容纳混沌与无序，应当容纳某些外显属性以及庞杂的复杂性。只有这样，构成生命的原子才能组合成具备各种功能的物质，才能让我们觉得生命不可能有明确定义，而且最好不要再假设它有。

　　从某种角度上说,"生命"一词保持这种模糊内涵是一件好事,因为如此一来,我们就能在不断深入认识宇宙的同时,将各种新的物质形式包括进来。或许,在遥远的未来,在另一颗行星上,我们会遇到一些能与周遭环境发生复杂反应的物质,甚至我们会认为它们能够意识到环境的存在。于是,我们便将其纳入地球标准下的生命物质范畴。只不过,这种物质的结构和复杂性与地球生命大相径庭,所以我们无法确定它究竟算不算地球意义上的生命。不难发现,如果我们要给生命进行明确定义,那就很可能把这类物质排除在生命范畴之外了,也就可以毫无顾忌地处置它们。我们甚至可能仅仅出于安全考虑就彻底毁掉它们。但如果对生命给出一个模糊定义,那结果就完全不一样了。另外,这也会鼓励我们不断讨论并修正对生命形式的看法。

　　几千年来,人类一直希望给出生命的确切定义,但放弃这个执念可能会打开思路。的确,对于追求清晰和归类的科学思维来说,目前这种模糊的生命定义看上去确实不那么整洁,也不那么令人满意。不过,它有可能是一种更为谦逊和诚实的定义,并且应该得到科学从业者和所有人的肯定和注意。我们不应该假定"生命"诞生机制与"非生命"诞生机制存在根本性差异。(更何况,所谓"生命"和"非生命"本来就是人为划分的。)如果我们能避免犯这种错误,就会发现自己能够更好地从已经发现的所有宇宙物质中汲取知识。要知道,这些物质其实也是我们自己以及周遭一切的组成部分。

从化学和物理学的角度上说，地球生命没有任何特殊之处。可是，在如此之多的星系中，又有多少星球拥有像我们这样能够建造射电望远镜（比如图中的阿塔卡马大型毫米波/亚毫米波阵）的生物呢？

第 18 章

人类是否特殊？

从山景城打车前往加利福尼亚森尼韦尔。

有时候，深刻的问题总是源自微不足道的小事。这一次就是这样。我从山景城的一家汽车旅馆出来，打车去森尼韦尔的一家五金店买冷藏箱，车程大约20分钟。之所以要买冷藏箱，是因为我要保存在太空实验中收集的样本。几天后，样本就会搭载太空探索公司的一艘龙飞船从国际空间站返回地球，抵达洛杉矶港。实际上，我之前已经去了至少三家商店，但冷藏箱都卖完了，这让我多少有点儿绝望。于是，我想起了一个本来怎么也不会想到的命题：人生的意义究竟是什么？

司机女士询问我的职业，我简要地概述了一下。她是一个真诚且相当热情的人。当我提到自己的工作是研究外星生命时，显然激起了她的好奇心。

"外星生命？我很感兴趣。"她用藏在绿色圆框眼镜后面的眼睛看着我说，"我真的很想了解这方面的知识。到底有没有外星人？还是说，整个宇宙就只有我们？我没有细想过这个问题，但这个问题总是时不时地浮现在眼前。每次看电视上介绍行星的节目，都会想知道究竟有没有外星人？"

"你觉得宇宙中有没有我们的同类，这个问题重要吗？"我反问她说。

"就是想知道这方面的情况而已，并不是因为这会对我们的生活产生多大影响，但假如宇宙里确实只有我们，那我们就是全宇宙的'独苗'了。"她说。

人类灵魂深处埋藏着一种渴望成为特殊的独一无二的冲动，而且这种冲动不可避免，难以抑制。在我看来，"特殊"这个词应该算是词典里最容易引起混淆的词语之一了，但我们还是迫切地想要知道这个词是否适用于自己。

"所以，如果宇宙中只有人类的话，我们会不会就变得更加特殊了？"我问道。

她没有立刻回答，而是想了一会儿，然后继续说道："这对我在人类中是否特殊没什么影响，但这个问题很重要。"

我坐在那里，看向窗外，没有说话。人类在宇宙中是否特殊？这个问题是人类的希望与焦虑的核心。实际上，对很多人来说，平平无奇意味着否定人类存在的意义。在某些人看来，如果我们在宇宙中并不特殊，那人类的地位与其他动物就没有什么区别。因此，在出租车里谈论外星生命，或许会不可避免地让我们想到这对人类来说究竟意味着什么。我们在这场宇宙大戏中是否扮演了重要角色？这个问题的答案是否与我们是不是宇宙中唯一的智慧生物密切相关？无须多言，回答这个问题，肯定不那么容易或简单，而且牵扯很多因素。首先，"特殊"究竟意味着什么？我们所说的"特殊"又指什么？人类个体、人类物种、地球，还是其他东西？

在此，我不打算面面俱到地阐述这个问题。作为一名科学家，我只想从纯科学的角度试着回答一下那位司机女士提到的问题。也就是说，如果你觉得我在下文中会讨论你是否特殊，那么你可能要失望了。从纯粹事实的角度来看，这个问题的答案显而易见，没有讨论的必要：既然世界上不存在完全相同的两个人类个体，那么从这个基本视角来看，所有人都很特殊，你当然也是特殊的。不过，如果你眼中的"特殊"是指某种值得钦佩的特质，那么我对此不做评价，留给其他人评判吧。

我在这本书中提出了一个不一样的"特殊论"问题，而且它经得起科学研究：地球生命的存在本身是否特殊？回答这个问题说来也简单，答案就是：不知道。我们现在知道的是人体由各种分子构成，而构成这些分子的基本单位很可能来自落在原初地球上的天体以及地球自身。不过，我们不知道是否有了这些基本单位就足以孕育生命，即我们不知道是否只要这些基本单位聚在一起就必然会孕育出具备自我复制能力的分子。我们或许可以通过搜寻地外生命得到答案，我们可能从中得知生命出现在地球这样的行星上究竟是特殊还是寻常。或许我们还能知道，是否只要有了细胞，智慧生命就会出现，哪怕这两者之间差别很大，哪怕这条进化之路可能需要数十亿年才能走完。或许到那时，我们就能知晓智慧生命究竟是遍布全宇宙，还是我们人类的特殊能力了。

不过，对于特殊论中的一个问题，即地球是否特殊，我们已经有了肯定答案。实际上，这个问题的答案肯定到几乎没有什么人会提了。不过，情况并非始终如此。古希腊人就没有在这个问题上形成统一意见。部分古希腊学者认为，地球并不特殊，天上必然还有类似的其他天体。不过，亚里士多德并不这样认为，而且他的观点在中世纪广为流传。正是他提出，地球是宇宙的中心，太阳绕着地球运动。地球在宇宙中的这种中心地位对后来的所有一神教都很有吸引力，因为它把地球以及其上的所有事物（尤其是我们人类）都放在了上帝设计天堂的核心位置。自亚里士多德之后的1 000多年里，我们在宇宙中的特殊性从未遭受质疑。直到尼古拉·哥白尼的"异端邪说"《天体运行论》在1543年出版后，地球的秘密才被揭开，它才从这种崇高的地位降格为围绕太阳运动的行星。

自哥白尼之后，每经历一代人，地球的特殊性就下降一分，时至今日，地球在大多数人眼中已经毫无特殊可言了。自哥白尼之后，地球就变成了太阳的奴仆，但太阳系本身却是造物主的杰作。上帝在创世时给太阳赋予了孕育生命的温暖，为人类在广袤天空中预留了一片完美的家园。不过，当我们把目光投向宇宙远方，就会发现夜空中那些微小的白点，有不少是与太阳相似的恒星。这个事实令我们痛苦。目前来说，我们对它们的了解还不多，但毫无疑问，可能存在许多与地球类似的行星绕着其中的恒星运动。随着观测手段的不断进步，我们甚至还发现，这些恒星自身也在进行环绕运动。它们绕着某个无法确定的中心规律性地移动，形成了"星系"。我们很快又发现，星系中含有无数恒星，而宇宙中又有无数星系。如果一定要用数字表示的话，应该是宇宙中的星系数以十亿计，而每个星系内的恒星数以十亿计。这似乎意味着由哥白尼发起的这场打破地球特殊性的革命已经顺利完成。毕竟，按这样的星系、恒星数量推算，宇宙中行星的数量恐怕得以万亿计，没有人会相信，在这么多行星中，地球有什么特殊之处。从统计学的角度来说，类似地球的行星可能确实不多，但由于基数实在太庞大，再小的占比也会是一个很大的数字。

　　不过，当时间来到21世纪的今天，一些极为特殊、令人无比困惑的事正在悄然发生。在过去的几十年里，人类已经知晓虽然宇宙中的确有很多恒星，但行星与行星之间的差别无比巨大。到目前为止，我们还没有找到与太阳系类似的恒星系，也没有发现哪颗行星的形成过程与地球相似。更准确地说，我们目前详细研究过的恒星系各有各的不同，完全不重样。它们的差别不仅体现在空间和系统架构上，更体现在它们拥有的行星上。在研究这些环绕遥远恒星运动的行星时，科学家们会用到巨行星、超级海王星、热木星、海洋世界、岩石星球等怪异的描述。

即便是最接近地球的岩石系外行星，内部差异也非常大。其中有些与体积相对较小的红矮星形成了潮汐锁定，即行星的一面始终朝着恒星，就像月亮始终拿一面对着地球一样。在这种一面始终有阳光照耀，另一面却始终处于黑暗中的星球上，生命（如果有）会是什么样子？我们不知道。一些岩石系外行星围绕恒星运动的椭圆轨道很扁。这意味着，它们有时候会离恒星很近，但之后又会长时间在距恒星很远的寒冷宇宙空间中运动。于是，行星的气候就会一下子从酷热跳到严寒。一些岩石系外行星承受着高强度辐射的轰击，还有一些行星的寿命实在太短，很可能不足以孕育智慧生命。

如果我们的目标是寻找那些拥有水、气候温和、辐射强度适中的岩石星球，那么我们目前还未能发现哪颗系外行星拥有同地球类似的、能够孕育生命的环境条件。对地球生命来说，地壳板块系统至关重要、不可或缺。各大板块互相挤压、碰撞，部分岩石因而融化沉入地底深处，这才形成了重要生命元素的循环，地球生态圈就是不断获取能量和燃料。或许，系外行星想要孕育生命，也需要类似的板块系统，至少在某一段时期需要。行星的大小和含水量稍有不当，板块运动就可能终止，整个行星表面就可能变成一块毫无生机的巨大岩石（比如火星），或者地壳永远淹没在深不可测的海洋之中，永远不可能浮出水面。在这样的行星上，就算有生命存在，它们的活动范围也仅限于海洋。

另外，我们还得考虑大气。即便某颗系外行星在很多方面都与地球类似，它的大气层也可能太厚或太稀薄。某些气体达到了特定浓度，行星大气和表面就有可能变得太热或太冷。即便系外行星的母恒星与我们的太阳很像，且行星与母恒星之间的距离很接近日地之间的距离，大气成分的差异也会导致行星受到的恒星辐射过高或过低，从而阻碍生命的诞生，或是中断生命的后续进化。

如此种种因素叠加在一起，就催生了一种全新的地球特殊论：即便宇宙中到处都是太阳这样的恒星，能够孕育生命、支撑生命持续演化的环境条件可能也只存在于地球之上——至少，在目前我们可以探测到的其他星球上完全没有见到。要是我们在挑战亚里士多德特殊论的过程中发现，地球竟然如此特殊——无数罕见的物理条件完美地集中在一起才能孕育生命，哪怕只是细微的差别都可能导致行星变得死气沉沉，而地球正好拥有这一切恰到好处的条件——那将是多么讽刺的事。

归根到底，我们要回答的是这样一些问题：究竟有多少条路能通往生命？又有多少条路能通往智慧生命？生命世界之间能有多大程度的差异？生命诞生和进化所需的条件是否已经苛刻到了行星形成的自然变迁需要完全（或者近乎完全）符合某种范式，导致最后成功孕育的生命都会和地球相似？又或者，条件十分宽松，所以生命世界可以千奇百怪，生态圈也可以风格各异？到目前为止，我们搜寻的都是与地球类似的系外行星，这完全可以理解。不过，或许等到我们真的找到地外生命时，会发现它们所在的星球与地球截然不同。换句话说，我们现在先入为主地假设生命诞生和进化所需的条件应当是苛刻的。但这也可以理解，因为搜寻与地球类似的系外行星在现实层面上更有操作性，只是不一定会成功。

当然，上述所有努力都不会让我们更接近宗教提供的那类答案。无论我们最后证明地球的确独一无二，还是发现生命只能诞生于地球这样的行星，都不会证明造物主的存在。不过，天文学和宗教教义可能在一点上不谋而合，那就是：地球的确在宇宙中地位特殊。因为地球的确可能是能够孕育生命并支持其演化的少数星球之一，甚至是唯一一个。从这个角度来说，我们从系外行星的探索行动中得知，哥白尼的革命远未画上句号。从哥白尼发表《天体运行论》至今已经过去了大约500年，可我们仍旧不确定地球是否像先人们所认为的那么特殊，甚至独一无二。我们与祖先的区别在于，借助现代望远镜，我们有办法找出真相。我们无须依靠信念决定地球是否特殊，终有一天，我们能找到确凿的证据。

无论如何，关于人类的存在，至少有一个方面绝对是平平无奇：一旦生命在某颗行星上生根发芽，就必须像其他事物一样服从物理学定律。乍看起来，这一点似乎不值一提，因为从定义上说，物理学就是一个描述宇宙以及其中的物质和能量如何运作的学科。如果我们发现了一些超越当前物理学认识的物质或物质行为，那它也并没有"超出"物理学的范畴。相反，它只是意味着我们必须修正物理学，使其能够解释这项新发现。因此，称生命只是物理学的一部分、不可能超越物理学是一种不言自明的道理。"生命逃不脱物理学范畴"这个事实真正值得我们思考的内涵是：生命的结构和行为并没有那么特殊。生命的出现或许的确极为罕见，甚至可能是地球独有的现象，但生命的运作方式并没有那么神奇，至少没有神奇到令人吃惊的程度。

　　想想地球上所有拥有飞行能力的生物，它们都是进化的产物，差别却如此之大。如今古巴特有的吸蜜蜂鸟（*Mellisuga helenae*），身长只有五六厘米，体重不足 2 克，是当今世界最小的鸟类。而现已灭绝的史前巨兽风神翼龙（*Quetzalcoatlus*）的翼展可达 11 米，与塞斯纳轻型飞机相当。虽然吸蜜蜂鸟与老鹰和信天翁如此不同（更不用提史前时代的掠食者了），但它们的飞行原理都是一样的。它们的躯体都遵循空气动力学定律。这些定律告诉我们，飞行生物的羽翼面积和飞行速度决定了它们能产生多少升力。要想翱翔九天，就必须满足这些定律，否则就会摔下来。当然，最可能出现的情况是，你压根儿飞不起来。飞行生物的身形之所以都如此相似，是因为空气动力学适用于任何时代、任何地点，而不是什么奇思妙想或偶然事件。

　　当你看到鱼冲出岩石区，或者它沿着小溪或河流中的沉积物滑行时，请特别留意它们的外形。如果鱼移动迅速，说明它是那种需要迅速躲避天敌的动物，那么它的身体会呈纺锤状的流线型，即中间大，头尾两端小，因为这是在水中快速游动的最佳方式。海豚的体形也是如此。当然，海豚可能并不是为了躲避天敌，更多的是为了捕捉快速游动的鱼。海豚和鱼类在某些方面相似，这应该会让你感到惊奇，毕竟它们分别是哺乳动物和鱼。那么，为什么两种截然不同的生物最后却拥有相似的外形呢？先别急，如果我告诉你一亿多年前统治地球中生代海洋的鱼龙类生物（现已灭绝）也具有类似现代鱼类的流线型身形，你是不是会感到更加惊讶？它们是第三种拥有相似身形的生物。

　　我确信你现在已经知晓其中的缘由了，关键因素就是物理学。如果你想在类似海洋这样的液体中快速游动，那么流线型要优于扁平的长方形。据此，进化生物学家早已意识到，如果我们能在遥远的外星海洋中发现快速游动的外星鱼类，那么它们的身体应该也是流线型的。物理学定律放之全宇宙而皆准。小至原子结构，大至整个生物家族的性状、行为，与生命有关的方方面面都受到物理学定律的约束。

　　那些决定了生命发展轨迹的高深物理学定律曾经是那么神秘，于是给上帝等超智慧的存在提供了土壤。未能明白这些现象背后原理的人类祖先们认为，如此相似的生物构造一定是上帝的杰作。只要人类不明白其中的奥妙，就难免会想象是某种超自然的力量操纵着这一切。不过，现在我们已经清楚地意识到，生命的形式和活动都可以用物理学原理轻而易举地解释。举例来说，我们可以用物理学描述为什么有些生物可以像整体一样团结合作，但背后其实没有任何人在引导它们。有些蚁穴可以有一个足球场那么大，其中的道路错综复杂，既有用于运输货物的"车道"，也有供蚂蚁行走的"步道"。蚁穴的大小、形状、倾斜程度在很多层面上与蜂巢的工作方式类似。在你看来，整座蚁穴宫殿的设计一定都牢牢刻在了蚁后的脑子里，它必须小心翼翼地把每一处工作分配给每一个"工人"，而这些"工人"辛勤地在蚂蚁帝国的土地上辛勤劳作。然而，蚁后并非仔细审查设计方案、监督工程的设计师。相反，蚂蚁们会相互交流。一般来说，同时执行某项任务的蚂蚁数量越少，工作效率就越高。如果执行同一项任务的蚂蚁数量过多，效率就会大大降低。没有任何人、任何生物告诉它们具体应该怎么做。通过基本反馈回路以及交换化学信息素中最简单的片段，蚂蚁就能打造出无比复杂、庞大的地下宫殿。

引导它们做到这一点的，并非神秘、强大的智慧力量，而是约束整个生物界的物理学定律。无论是鸟群还是角马群，都受到同样的物理学原理的制约。没有除物理学原理之外的任何解释，包括所谓的"生命冲力"理论。人类与其他所有地球生命，乃至可能存在的全部地外生命，都只是物理学方程组的有机表现形式，而数学则赋予了我们生物学形式。

因此，即便是在地球上，人类也谈不上有多么特殊，但从整个宇宙的角度来看，所有地球生命都可能是特殊的。因为虽然生命的出现和进化都必须遵从整个宇宙的物理学定律，但是生命本身可以是与众不同的。生命也是宇宙中的物质，同其他所有物质一样要服从物理学定律的限制。（至少是所有"正常"物质，像第12章中提到的那样，暗物质的情况可能大有不同，但暗物质也不可避免地要遵循物理学定律。）不过，生命这种物质很可能相当稀少，就像是用普通原材料制作的优质奶酪，原料很普通，工艺却不寻常，于是就有了别处吃不到的成品。

好了，现在不得不回答那位司机女士关于我们是否特殊的问题了。我的答案是：这取决于你问的是哪个方面。地球生命是否特殊？人类是不是特殊中的特殊？这都取决于你问的问题究竟是什么。这个回答可不只是观望而已。我认为，从某些方面来说，人类的存在相当普通，只是物理学的必然产物。然而，这样的平庸土壤上却结出了全宇宙都罕见的独特之花。在我看来，再也没有比这更有意思的事了。生命本身虽然完全是物理学原理和化学原理作用下的产物，但它仍旧可能是物质宇宙中最为特殊的果实。纵观全宇宙，生命的出现可能是一种极为罕见的现象。

还有一种回答则是：人类是否特殊，地球生命是否特殊，都与我们无关。这类问题的答案不会对我们的生活产生任何影响。我们知道，从原子层面上说，我们人类与所有生物，乃至在宇宙中游荡的所有石块，都没有本质区别。可即便是如此不容置疑的冷酷事实，也没有让我们的价值观发生丝毫改变。或许，它应该产生某些重大影响，但现实与之相悖。此外，人类的身体也同许多其他生物一样，大致以某个旋转轴为中心，呈对称形态，而眼球的运动方向受肌肉支配。没错儿，这其实又是物理学在引导生物的进化。但我们也没有因为这个事实而感到丝毫沮丧。

在日常生活中，在生命的每一分钟里，决定你是否特殊的永远都是你与其他社会成员之间的关系，以及你对整个社会的贡献。而这些全都在你自己的掌控之中，不能推卸给其他任何因素。个人对"特殊"地位的追求，其实隐含着为实现个人生活目标的努力，而且对于大部分人来说，这与人类是不是宇宙中的生命"独苗"无关。生命是否特殊，科学方法迟早能给出答案。至于你个人是否特殊，即你是否能对自己的人类同胞做出突出贡献，就完全取决于你个人。我们能确定的是，揭晓生命在宇宙中的真实位置，这是人类思想史上最为深刻、意义最重大的一大议题。在这场生命之旅中，涌现出了无数不同寻常的人物、发现和事件。

随着我们越发深入地探寻宇宙中生命的本质，我们不仅会发现许多有关我们自身的信息，还会遭遇诸多重大挑战，从保护这片我们称之为地球的绿洲，到在遥远星球上建立人类社会，再到在其他地方发现生命。然而，我们不该期望在这条科技奋斗之路上发现人类自身存在的终极目标。对生命本质的探寻本身就是目标。在实现这个目标的过程中，会出现许多我们之前无法预料的发现，它们将大大丰富我们的自我意识和自我感知，或许还会改变生命对我们个人的意义，甚至以一种我们完全无法预见的方式改变人类文明的发展轨迹。

致谢

在此，我要感谢所有与我讨论宇宙生命本质议题的出租车司机。为了保证文字质量和行文简洁，我冒昧地截取或总结了我与他们之间的部分对话，但可以保证的是，我与每一位出租车司机之间对话的核心思想，都原封不动地体现在了本书的字里行间。我要感谢哈佛大学出版社的出版团队，尤其是贾尼斯·奥德特和埃默拉尔德·扬森–罗伯茨，感谢他们的建议和指导。感谢西蒙·瓦克斯曼那些大大提升本书文字质量的想法和建议。同时，我还要感谢格林与希顿公司的安东尼·托平，正是他让本书得以出版。最后，我还要感谢这么多年来支持着我的同行，他们加深了我对宇宙生命的浓厚兴趣，并且提供了许多深刻的观点。

推
荐
阅
读

　　本书在讨论所有话题时都只是点到即止，没有寻根究底——如果真的那么做了，这本书的厚度将是现在的20倍不止。相反的，我希望向读者介绍一些具有启发性的重要观点。而且这些观点并非我个人的偏爱，它们同样引起了其他学者的极大兴趣。如果读者愿意继续深入研究这些内容，可以阅读以下推荐书目，我已经把它们按章（也就是按话题）列出来了。这些阅读材料类型多种多样，既有大众科普图书，也有学术图书，甚至还有几篇期刊文章。从成文时间上说，有些材料可以说是相当久远了，但我仍旧把它们列出来，一是因为好的作品不受时间的束缚，毕竟，早在互联网出现之前，文明就已经存在了。二是因为人类探寻宇宙生命的旅程早就开始了，这段历史也同样值得我们研究。此外，我还提到了我本人的一些作品，它们同样深入阐释了章节的主旨。

第 1 章　其他星球是否也有出租车司机？

1. Simon Conway-Morris, *Life's Solution: Inevitable Humans in a Lonely Universe*, 2003

这部内容逻辑缜密、意义重大的作品探索了趋同演化现象。所谓"趋同演化"，就是指各种生命形式在面对各类生存挑战时总是倾向于使用类似的解决方案。本书还讲述了这种现象对地球（以及宇宙中其他任何可能存在生命的地点）演化结果的影响。

2. Nick Lane, *Life Ascending: The Ten Great Inventions of Evolution*, 2009

这部作品通俗易懂地介绍了生物演化过程中的一些伟大创新，适合所有读者。

3. John Maynard Smith and Eörs Szathmáry, *The Major Transitions in Evolution*, 1995

这部严谨的作品概述了地球生命史上的重大进展，比如遗传传递过程中的转变和语言的出现等。

第 2 章　同外星人接触会不会改变现在的一切？

1. Michael J. Crowe, *The Extraterrestrial Life Debate 1750–1900: The Idea of a Plurality of Worlds from Kant to Lowell*, 1986

这是一部写得非常好的学术作品，讲述了人类对地外生命的认识变迁。

2. Steven J. Dick, *The Biological Universe: The Twentieth-Century Extraterrestrial Life Debate and the Limits of Science*, 1996

这部巨著详细介绍了人类长期以来对地外生命的讨论以及这些讨论背后隐含的世界观，许多观点非常精彩。

3. Bernard Le Bovier de Fontenelle, *Conversations on the Plurality of Worlds*, 1686

我在正文中就提过这本书，这里再次推荐，因为读起来实在是太有意思了。读者可以在网上找到这本书的现代版本，也可以买到纸质书。

第 3 章　火星人会入侵地球吗？

1. Albert A. Harrison, "Fear, Pandemonium, Equanimity, and Delight: Human Responses to Extra-Terrestrial Life," *Philosophical Transactions of the Royal Society A*, 2011

这是一篇科学论文，探讨了人类在接触地外文明后可能出现的各种反应。

2. Michael Michaud, *Contact with Alien Civilizations: Our Hopes and Fears About Encountering Extraterrestrials*, 2006

这部作品细致入微地探索了同外星人接触（以及为实现这一愿景而努力）的潜在影响。这些影响或积极，或消极，但都发人深省。

第 4 章　我们是否应该先把地球上的问题解决了？

1. R. Buckminster Fuller, *Operating Manual for Spaceship Earth*, 1969

在这部作品中，巴克敏斯特·富勒以其独有的方式反思了人类与地球资源之间不断变化、发展的关系，以及人类未来是否可能做到可持续发展。

2. Charles S. Cockell, *Space on Earth: Saving Our World by Seeking Others*, 2006

这是我撰写的一部通俗作品，适合一般读者阅读，主旨是：环境保护主义和太空探索的目标应该是一致的，也即为人类在宇宙中创建可持续存在的社群而努力。

3. Douglas Palmer, *The Complete Earth: A Satellite Portrait of the Planet*, 2006

这是一本精美的图集，用一张张照片形象说明了，我们借助卫星可以欣赏到地球这颗孕育生命的星球有多么壮丽。

第 5 章　普通人有机会去火星旅行吗？

1. Rod Pyle, *Space 2.0: How Private Spaceflight, a Resurgent NASA, and International Partners Are Creating a New Space*, 2019

在这部作品中，作者派尔带着我们快速浏览了私营企业和政府机构为实现太空旅行商业化所做出的各种努力。

2. Wendy N. Whitman Cobb, *Privatizing Peace: How Commerce Can Reduce Conflict in Space*, 2020

这又是一部颇有价值的作品，探讨了在这个私人太空旅行已成为可能的时代，太空旅行不断变化的范式。

3. Robert Zubrin and Richard Wagner, *The Case for Mars: The Plan to Settle the Red Planet and Why We Must*, 1996

这是一部经典的通俗作品，探讨了太空探索和移民火星。

第 6 章　太空探索的荣耀时光是否已经过去?

1. Buzz Aldrin and Ken Abraham, *Magnificent Desolation: The Long Journey Home from the Moon*, 2009

登月宇航员巴兹·奥尔德林用自己的亲身经历阐述太空探索究竟拥有什么样的吸引力。

2. Charles S. Cockell, "The Unsupported Transpolar Assault on the Martian Geographic North Pole," *Journal of the British Interplanetary Society*, 2005

这是我的一篇论文，设想了从火星极冠边缘地带出发去往火星北极的陆上探险之旅，其中涉及许多有关探险路线、艰难险阻以及准备工作的细节。

3. Leonard David, *Mars: Our Future on the Red Planet*, 2016

这部作品用通俗易懂的语言讨论了探索火星的长期计划。

第 7 章　火星会是我们的第二家园吗?

1. Mike Berners-Lee, *There Is No Planet B: A Handbook for the Make or Break Years*, 2019

在这部作品中，作者伯纳斯·李在不否定太空探索的前提下，提出了解决我们在地球上面临的部分重大环境挑战的方法。在他看来，地球仍是最适合人类生活的星球。

2. Stephen Petranek, *How We'll Live on Mars*, 2015

这部作品简要且轻松诙谐地介绍了在火星上生活需要解决的一些问题。

3. Christopher Wanjek, *Spacefarers: How Humans Will Settle the Moon, Mars, and Beyond*, 2020

这部作品介绍了太空移民的长期规划以及实现太空移民之梦的具体方法，相当精彩。

第 8 章　幽灵存在吗?

1. Jack Challoner, *The Atom: A Visual Tour*, 2018

这本精美的图册形象地阐释了原子结构及其发现历史。

2. Lisa Randall, *Dark Matter and the Dinosaurs: The Astounding*

Interconnectedness of the Universe, 2015

这是一本引人入胜的通俗读物，介绍了物质和宇宙的本质。

第 9 章　是否有外星人在暗处观察我们?

1. Stephen Webb, *If the Universe Is Teeming with Aliens...Where Is Everybody? Seventy-Five Solutions to the Fermi Paradox and the Problem of Extraterrestrial Life*, 2002

这部作品全面介绍了所谓"费米悖论"的各种可能解释。

2. Paul Davies, *The Eerie Silence: Searching for Ourselves in the Universe*, 2010

这部作品用通俗易懂的语言讨论了人类寻找外星生命的行动及其意义。

第 10 章　我们与外星人能交流吗?

1. Barry Gower, *Scientific Method: A Historical and Philosophical Introduction*, 1996

这部作品用精辟的学术语言阐述了科学方法的发展和历史。

2.Thomas S. Kuhn, *The Structure of Scientific Revolutions*, 1962

这是一部经典哲学著作，论述了科学变化是怎么发生的。作者库恩的论点具有革命性意义，但至今仍有颇多争议。

3. Karl Popper, *Conjectures and Refutations: The Growth of Scientific Knowledge*, 1962

作者卡尔·波普尔是20世纪最伟大的科学哲学家之一，他在这部作品中严肃讨论了科学方法和科学知识。

第 11 章　会不会根本没有外星人？

1. Peter D. Ward and Donald Brownlee, *Rare Earth: Why Complex Life Is Uncommon in the Universe,* 1999

这部通俗作品讨论了地球的各种特质。读完之后，你可能会觉得复杂生命形式以及智慧生命的确很罕见。

2. Duncan Forgan, *Solving Fermi's Paradox*, 2018

这部作品提供了更多有关我们为什么到现在为止仍没有见到外星人的解释。

第 12 章　火星上住得了人吗？

1. Charles S. Cockell, "Mars Is an Awful Place to Live," *Interdisciplinary Science Reviews*, 2002

这是我的一篇论文，主要论点是：人类最终会在火星上建设众多服务科学家、探险家以及从事火星商务人员的基地，但不会有数以百万计的地球人因为这颗红色星球的独特生活环境在此居住。

2. Robert M. Haberle, et al., *The Climate and Atmosphere of Mars*, 2017

这本教科书概述了火星大气条件，对思考火星移民问题大有帮助。

第 13 章　太空里的社会形态会是什么样？

1. Daniel Deudney, *Dark Skies: Space Expansionism, Planetary Geopolitics, and the Ends of Humanity*, 2020

这部作品对太空探索持悲观态度，同时也质疑了人类对后地球时代的热忱，发人深省。

2. Everett C. Dolman, *Astropolitik: Classical Geopolitics in the Space Age*, 2001

这部作品阐述了一种宇宙地缘政治学理论，提出步入太空时代的人类安全策略必须考虑天体地理学，也即天体在宇宙空间中的位置与相对距离。

第 14 章　我们要去保护微生物吗？

1. Robin Attfield, *Environmental Ethics: A Very Short Introduction*, 2018

这部作品是学习环境伦理学的入门作品，有助于你了解这一领域内的部分重要概念。

2. Charles S. Cockell, "Environmental Ethics and Size," *Ethics and the Environment*, 2008

这是我本人的一篇期刊文章，阐述了微生物在环境伦理学中的地位，也即生物的体型会如何影响人类对它们的保护措施。当然，这只是我的个人观点。

3. Joseph R. DesJardins, *Environmental Ethics: An Introduction to Environmental Philosophy*, 1992 (fifth edition, 2012)

这是另一部对有志于学习环境伦理学这一重要课题的读者来说颇有价值的入门作品。

第 15 章　生命是如何起源的？

1. David W. Deamer, *Origin of Life: What Everyone Needs to Know*, 2020

从书名就可以知道，对所有读者来说，这是一部讨论生命起源的通俗作品。

2. Robert M. Hazen, *Genesis: The Scientific Quest for Life's Origins*, 2005

作者哈森在这部作品中介绍了有关生命起源的各种科学理论以及支持这些理论的相应重要实验和考察结果。自发表以来，与这一议题相关的某些领域已经取得了进展，但哈森的这部作品仍旧值得一读。

3. Eric Smith and Harold J. Morowitz, *The Origin and Nature of Life on Earth: The Emergence of the Fourth Geosphere*, 2016

这部学术作品关注的是生命起源领域的一个关键课题：地球与生命的协同演化。

第 16 章　我们为什么需要呼吸氧气？

1. Donald E. Canfield, *Oxygen: A Four Billion Year History*, 2013

作者坎菲尔德在这部作品中介绍了地球氧气的发展史，同时也讨论了最近几十年里有关氧气对生物学重要性的科学发现。

2. Nick Lane, *Oxygen: The Molecule that Made the World*, 2002

这是另一部介绍地球氧气史以及氧气与生命关系的通俗作品。

第 17 章　生命的意义是什么？

1.Mark A. Bedau and Carol E. Cleland, *The Nature of Life: Classical and Contemporary Perspectives from Philosophy and Science*, 2010

这本教科书汇集了来自各个时代、各个学科的有关生命组成的科学及哲学观点。

2. Paul Nurse, *What Is Life?: Understand Biology in Five Steps,* 2020

诺贝尔奖得主保罗·纳斯的这部作品阐述了生命本质、生命基本运作机制等议题，同时也介绍了我们对分子尺度上有机体运作方式的各种看法，非常值得一读。

3. Erwin Schrödinger, *What Is Life?,* 1944

薛定谔在这部作品中深入思考了生命的本质。书中有关遗传物质的观点十分具有先见之明，因为本书成书时人类尚未发现DNA。

第18章 人类是否特殊？

1. Sean Carroll, *The Big Picture: On the Origins of Life, Meaning, and the Universe Itself,* 2016

这部作品全面介绍了人类目前知晓的从亚原子尺度到宇宙学尺度的所有物理知识。

2. Charles S. Cockell, *The Equations of Life: How Physics Shapes Evolution,* 2018

这是我本人撰写的一部通俗作品，介绍了人类目前已知以及正在研究的一些物理学原理，它们在从原子个体到有机体集合的各个层级上塑造生命。

3. Viktor E. Frankl, *Man's Search for Meaning*, 1946

本书作者弗兰克尔接受过心理学方面的专业训练，他在本书中讲述了奥斯威辛集中营和达豪集中营中的一名幸存者如何在极端悲惨的环境中追寻有意义的生活。如今，距这部重要作品初版已经超过3/4个世纪了，但它仍有极高的影响力。

4. Jonathan B. Losos, *Improbable Destinies: Fate, Chance, and the Future of Evolution*, 2017

这部作品简要论述了演化的必然性以及生物学的许多方面可能都具有普遍性。作者认为，生物演化结果通常由其结构因素决定。

5. A leksandr Solzhenitsyn, *The Gulag Archipelago*, 1973

根据物理学理论，我们所有人都毫无特殊之处。然而，如果我们因此而得出虚无主义的结论，结果就很可能是灾难性的。本书作者索尔仁尼琴是思想最为深刻的道德思想家之一，他赞许并支持人文价值取向，并认为这对人来说是不可或缺的。